PRÉCESSION

DES

ÉQUINOXES,

Par M. POINSOT

Membre de l'Institut et du Bureau des Longitudes.

PARIS,

GAUTHIER-BACHELIER, IMPRIMEUR-LIBRAIRE

DE L'ÉCOLE IMPÉRIALE POLYTECHNIQUE, DU BUREAU DES LONGITUDES, ETC.

QUAI DES AUGUSTINS, 55.

1857

PRÉCESSION

DES

ÉQUINOXES,

Par **M. POINSOT**,

Membre de l'Institut et du Bureau des Longitudes.

————◦◦◦————

PARIS,

MALLET-BACHELIER, IMPRIMEUR-LIBRAIRE

DE L'ÉCOLE IMPÉRIALE POLYTECHNIQUE, DU BUREAU DES LONGITUDES, ETC.,

QUAI DES AUGUSTINS, 55.

1857.

PRÉCESSION DES ÉQUINOXES,

Par M. POINSOT.

CHAPITRE PREMIER.

LEMMES PRÉLIMINAIRES.

Avant d'entrer dans l'explication particulière du phénomène de la *précession des équinoxes*, c'est-à-dire de ce mouvement remarquable par lequel la *ligne des nœuds* de l'équateur terrestre rétrograde sans cesse sur le plan de l'écliptique, je crois devoir poser d'abord les principes et les lemmes dynamiques qui me paraissent les plus propres à éclairer et à résoudre la question dont il s'agit.

I.

De la variation du couple qui anime un corps, lorsque ce corps reçoit l'action continuelle d'un couple accélérateur qui trouble à chaque instant l'axe et la grandeur du couple acquis.

1. Considérons un corps libre de figure quelconque, qui tourne actuellement autour de son centre de gravité O, et représentons par la ligne terminée OG, l'axe et la grandeur du couple G qui anime ce corps.

Si le corps était abandonné à lui-même, et qu'à une époque quelconque du mouvement on voulût rechercher le couple résultant de toutes les forces qui animent alors toutes les molécules, on retrouverait précisément le même couple dont il est actuellement animé; de sorte que ni l'axe ni la grandeur de ce couple G n'auraient subi aucune altération dans tout le cours du mouvement : et c'est en quoi consiste le principe de la conservation des couples, ou des *aires* qui en sont la mesure en Dynamique.

2. Mais si, au lieu d'être abandonné à lui-même, le corps reçoit, à chaque instant dt, l'action d'un couple accélérateur g (*), l'axe et la grandeur du

____

(*) Pour se faire une idée précise de ce qu'on entend ici par le couple accélérateur g, il faut, comme dans la théorie des forces accélératrices, considérer g comme le couple *fini* qui proviendrait, dans l'unité de temps, d'un couple infiniment petit qui s'ajouterait continuellement à lui-même dans cet espace de temps qui est pris pour unité.

couple G varieront à chaque instant; et ce sont ces variations qu'il faut déterminer d'après l'intensité et la direction données du couple accélérateur g
qui agit sans cesse sur le mobile.

Or il est évident que si l'on prend sur l'axe Og du couple accélérateur
une ligne infiniment petite $O\gamma = gdt$, et qui marque ainsi l'axe et la
grandeur du couple imprimé en un instant, le couple acquis G, qui est
actuellement représenté par la ligne OG, sera, au bout d'un instant dt, représenté par la diagonale OG' du parallélogramme OGG'γ construit sur les
deux lignes OG et Oγ. Et de même, dans l'instant suivant, il sera représenté
par la diagonale d'un nouveau parallélogramme construit sur OG' et sur la
ligne Oγ qui représentera l'action du couple accélérateur dans cet instant;
et ainsi de suite. On pourra donc trouver l'axe et la grandeur du couple qui
anime le corps au bout d'un temps quelconque t, comme on trouverait le
mouvement d'un point qui aurait reçu une impulsion primitive représentée
par G et qui serait soumis à l'action d'une force accélératrice représentée
par g. En cherchant la courbe que ce point décrit dans l'espace, on aurait,
dans la direction de la tangente, celle de l'axe du couple G, et, dans la vitesse
du point, la grandeur de ce même couple.

Exemple I.

3. Supposons d'abord, pour donner un exemple très-simple, que le couple accélérateur g soit tel, que son axe Og reste toujours dirigé suivant la
ligne ON perpendiculaire à l'axe OG du couple acquis, et à la projection OP
de cet axe sur un plan fixe donné ST.

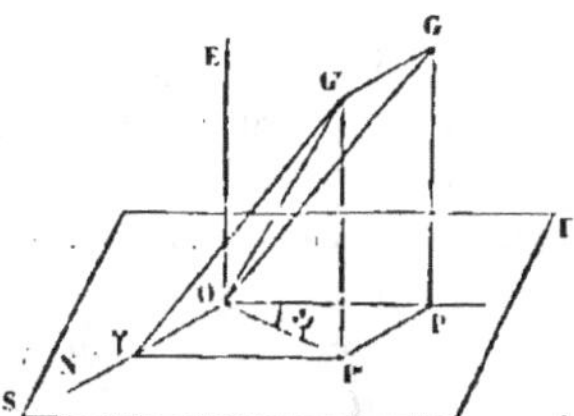

Premièrement, la ligne infiniment petite $O\gamma = gdt$ étant ici perpendiculaire
à l'axe OG du couple G, le parallélogramme construit sur les deux lignes
Gγ et OG est un rectangle; et la diagonale OG', qui marque la grandeur du
couple au bout d'un instant, ne diffère du côté OG, qui marque sa grandeur
naturelle, que du sinus verse de l'angle dont le sinus est Oγ dans le cercle
dont le rayon est OG'. Or la ligne Oγ étant infiniment petite par rapport à

OG', le sinus verse de cet angle est un infiniment petit du second ordre par rapport à la même ligne OG'. Donc le couple G ne s'accroît en un instant dt que d'un infiniment petit du second ordre ; et, par conséquent, il ne s'accroît dans un temps quelconque t que d'un infiniment petit du premier ordre ; c'est-à-dire que ce couple ne change point de grandeur dans tout le cours du mouvement.

En second lieu, comme dans notre hypothèse l'axe Og du couple accélérateur reste aussi toujours perpendiculaire à la projection OP de l'axe du couple G sur le plan fixe ST, il est aisé de voir que l'inclinaison ν de l'axe OG sur ce plan, ou sur sa projection OP, ne diffère de l'inclinaison ν' de l'axe OG' sur sa projection OP' que d'un infiniment petit du second ordre.

Et en effet, si l'on désigne par b les deux lignes GP, G'P' qui sont égales entre elles, par a la projection OP, et par $d\psi$ l'angle infiniment petit POP', on a

$$\tan \nu = \frac{b}{a}, \quad \tan \nu' = \frac{b}{a\,(1 + \sin v\,.\,d\psi)};$$

ce qui donne

$$\tan (\nu - \nu') = \frac{\sin v\,.\,d\psi}{\dfrac{b}{a} + \dfrac{a}{b}\,(1 + \sin v\,.\,d\psi)}.$$

Or, le dénominateur de cette fraction étant toujours supérieur à 2, quel que soit le rapport des deux lignes a et b, on peut conclure de l'équation précédente cette inégalité

$$\tan (\nu - \nu'), \quad \text{et à fortiori} \quad \nu - \nu' < \sin v\,.\,d\psi.$$

Donc l'inclinaison ν de l'axe du couple G sur le plan fixe ne diminue à chaque instant que d'un infiniment petit du second ordre, et, par conséquent, ne varie point dans tout le cours du mouvement.

On a donc ce théorème très-simple, et qui peut être d'un grand usage :

4. *Si un corps qui tourne sur son centre de gravité, ou sur un point fixe quelconque* O, *est soumis à l'action continuelle d'un couple accélérateur g dont l'axe reste toujours perpendiculaire à celui du couple acquis* G *et à la projection de cet axe sur un plan fixe donné, la grandeur de ce couple* G *ne variera point dans tout le cours du mouvement, et ce couple restera toujours également incliné sur le plan fixe ; de sorte que son axe* OG *décrira simplement un cône droit à base circulaire autour de la normale* OE *au plan fixe dont il s'agit.*

5. Et l'on peut remarquer que ce théorème a lieu quelle que soit l'intensité, constante ou variable, du couple accélérateur g ; la grandeur de g

n'influe, comme on va le voir, que sur la vitesse angulaire avec laquelle l'axe du couple G décrit le cône droit dont on vient de parler.

Pour avoir l'expression de cette vitesse angulaire, je remarque que l'angle POP' ou $d\psi$ est égal à $\dfrac{O\gamma}{OP}$, et, par conséquent, à $\dfrac{g\,dt}{G\cos\nu}$; ainsi l'on a

$$\frac{d\psi}{dt} = \frac{g}{G\cos\nu};$$

ce qui donne la vitesse $\dfrac{d\psi}{dt}$ avec laquelle la projection de l'axe OG tourne sur le plan fixe, ou, si l'on veut, la vitesse du pôle G du couple, autour du pôle fixe E du plan ST.

6. Comme G et ν restent constants, on voit que cette vitesse angulaire du pôle G est simplement proportionnelle à l'intensité du couple accélérateur g.

7. Si g est constant, $\dfrac{d\psi}{dt}$ est constant, et le mouvement du pôle G est uniforme. Si g est proportionnel au temps t, le mouvement du pôle est uniformément accéléré. Si g est une fonction périodique de t, le mouvement du pôle est aussi périodique. Etc. , etc.

Il faut encore remarquer que les théorèmes qui précèdent subsistent quelle que soit l'inclinaison ν de l'axe du couple G ou plan fixe ST.

Exemple II.

8. Supposons maintenant, pour donner un second exemple, que le couple accélérateur g soit tel, que son axe Og reste toujours dirigé suivant

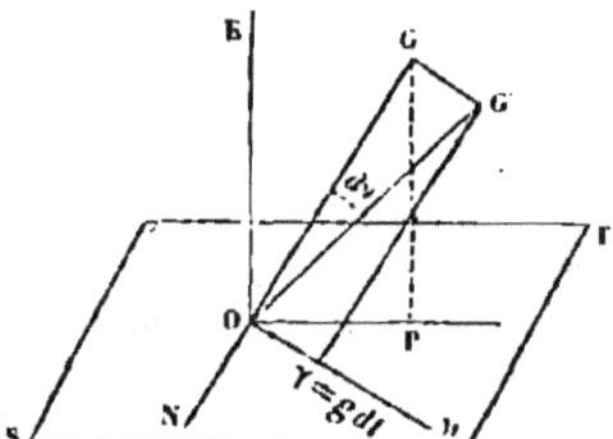

une perpendiculaire à OG menée dans le plan de projection GOP de cet axe sur le plan fixe ST. Il est visible que, dans ce cas, le couple $g\,dt$, se composant avec le couple G, fait passer son axe de OG en OG', diagonale du rectangle construit sur les deux lignes OG et Oγ = $g\,dt$.

Ainsi l'axe du couple G s'incline en un instant vers le plan fixe, d'un angle $d\nu = g\,dt : G$; de sorte qu'on a

$$\frac{d\nu}{dt} = \frac{g}{G}$$

pour la vitesse angulaire avec laquelle il tend à décrire un cercle perpendiculaire au plan fixe.

9. On voit par là que si g est une fonction périodique de t, qui en arrivant à zéro change de signe, pour repasser par les mêmes valeurs en sens contraire, l'axe du couple G ne décrit qu'une partie de ce cercle, et qu'il revient ensuite sur ses pas, en oscillant à la manière d'un pendule.

Cas général.

10. Actuellement, il est bien facile d'étudier les variations de l'axe et de la grandeur du couple d'impulsion G dans le cas général où le couple accélérateur est dirigé d'une manière quelconque.

Car soient NOM le plan du couple G et ON l'intersection de ce plan avec le

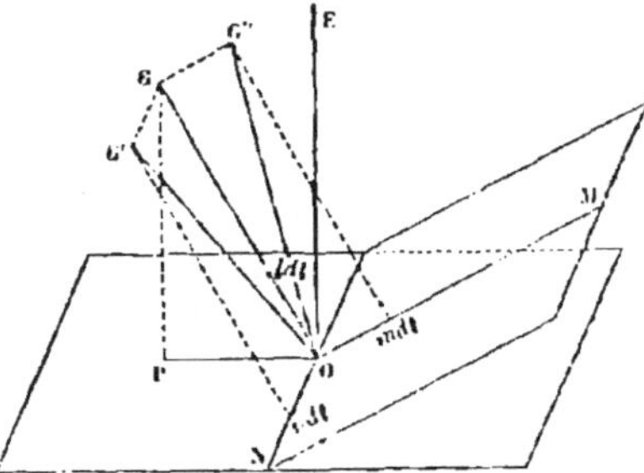

plan fixe, intersection qu'on peut nommer la *ligne des nœuds*; soit OM une perpendiculaire à cette ligne et à l'axe OG.

Quelle que soit la direction du couple accélérateur g, on peut toujours concevoir qu'à chaque instant dt, ce couple est décomposé en trois autres rectangulaires entre eux, savoir : le premier n, *autour* de la ligne ON des nœuds; le second m, *autour* de OM; et le troisième l, *autour* de l'axe OG; ce qui donne $n\,dt$, $m\,dt$, $l\,dt$ pour les trois couples infiniment petits qui viennent agir sur le corps à chaque instant dt.

Or il est clair (4) que le premier $n\,dt$, composé avec G, fait tourner l'axe OG autour de l'axe fixe d'un angle $d\psi$ dont la valeur est $d\psi = n\,dt : G \cos \nu$; et cela, sans faire varier ni la grandeur, ni l'inclinaison du couple G au plan fixe dont il s'agit. La projection OP de l'axe du couple, et par conséquent la ligne O.V qui lui est toujours perpendiculaire, tourne donc sur le plan fixe avec une vitesse angulaire $\dfrac{d\psi}{dt}$, exprimée par l'équation

$$\frac{d\psi}{dt} = \frac{n}{G \cdot \cos \gamma};$$

c'est le mouvement instantané de la *ligne des nœuds*.

Le second couple $m\,dt$, en se composant avec G, incline évidemment (8) l'axe OG vers le plan fixe, d'un angle $d\gamma$, dont la valeur est exprimée par $d\gamma = m\,dt : G$, de sorte qu'on a

$$\frac{d\gamma}{dt} = \frac{m}{G}$$

pour le mouvement qu'on peut nommer la *nutation* de l'axe du couple G vers le plan fixe dont il s'agit; nutation qui n'altère ni la grandeur de ce couple ni le mouvement de ses nœuds.

Enfin, par le troisième couple $l\,dt$ de même axe que le couple G, celui-ci varie et devient $G + l\,dt$, de sorte qu'on a

$$\frac{dG}{dt} = l.$$

Et c'est ce qu'on peut très-bien nommer la *variation*; c'est-à-dire, le changement de *grandeur* que subit à chaque instant le couple G, ou, ce qui revient au même, la somme des aires décrites par les rayons vecteurs de toutes les molécules du corps projetés sur le plan du couple dont il s'agit.

On voit avec quelle simplicité le *parallélogramme* des couples explique les changements instantanés qu'une action étrangère au corps amène dans les *nœuds*, l'*inclinaison* et la *grandeur* du couple qui l'anime : variations telles, qu'aucune des trois ne peut en rien altérer les deux autres.

Remarque générale.

11. Enfin une dernière remarque importante à faire, c'est que tout ce qu'on vient de dire de la variation d'un couple agissant sur un corps qu'on suppose *solide*, s'applique exactement à la variation du couple résultant de tous ceux qui s'exercent dans un système quelconque de figure *variable*, en supposant que l'on compose entre eux tous ces couples comme s'ils avaient de véritables bras de levier, et que le système fût invariable dans l'instant que l'on considère.

Ainsi, pour rendre la chose plus sensible par un exemple, je suppose qu'il s'agisse du système formé de la Terre et de la Lune; et je considère les trois couples qui s'exercent dans ce système, savoir : le couple qui anime la Terre, celui qui anime la Lune, et enfin le couple formé par les deux forces.

égales, parallèles et contraires qui emportent les centres de ces deux corps dans leur révolution mensuelle autour de leur commun centre de gravité. Je dis que si, par la composition, on réduit ces trois couples en un seul G, la grandeur et la position de ce couple seront troublées à chaque instant par l'action du Soleil, comme si la Terre et la Lune étaient invariablement liées ensemble et ne formaient en cet instant qu'un seul et même corps solide.

Voilà comment la théorie des couples, qui semble bornée à la mécanique des corps solides, s'étend à l'équilibre et au mouvement de tous les systèmes, et peut servir à expliquer le mouvement des *nœuds* d'un orbe planétaire, la *nutation* du plan de cet orbe, la *variation* de l'aire que la planète y décrit; et tout cela, comme s'il s'agissait de trouver les variations analogues dans un couple agissant sur un corps solide. C'est, au reste, ce que nous pourrons montrer et confirmer ailleurs par différents exemples.

Remarque particulière, relative au cas du sphéroïde terrestre.

12. Ces lemmes si simples, qu'on vient de démontrer sur les couples, suffiraient à expliquer les mouvements de l'axe terrestre, et même à donner la mesure très-approchée de ces mouvements. Car pour la Terre, considérée comme un sphéroïde de révolution aplati aux pôles, tout paraît indiquer que l'axe OG du couple actuel qui l'anime est l'axe même de son équateur, ou du moins qu'il en est si proche, que leur mutuelle distance angulaire échapperait à nos observations les plus précises. Pour avoir les mouvements instantanés de l'équateur, il suffirait donc ici de trouver ceux du couple G, et, par conséquent, de chercher le couple accélérateur K qui doit venir de l'action des corps étrangers, et particulièrement du Soleil et de la Lune, sur ce sphéroïde aplati. C'est en effet ce que nous allons faire dans les chapitres qui suivent, en nous bornant à ces deux actions principales, et tâchant d'abréger et de simplifier nos formules et nos calculs, afin de voir plus promptement si nos résultats numériques sont assez d'accord avec l'observation pour ne laisser aucun doute sur la vraie cause des phénomènes dont il s'agit. C'est le principal objet que je me sois proposé dans cet écrit : je n'ai songé qu'à porter une lumière nouvelle sur ces questions difficiles, et point du tout à tirer, du calcul, de ces valeurs précises que l'observation peut seule ici nous donner. . Car, dans les problèmes de cette nature, la difficulté des intégrations nous forcé de négliger, presque à chaque pas, quelque terme qui nous arrête; ce qui revient au fond à négliger une partie des causes du phénomène : tandis que l'observation, qui ne s'attache qu'au résultat, tient tacitement compte de toutes les causes, connues ou inconnues, qui peuvent y concourir.

Nous pourrions donc passer immédiatement à nos calculs, en y supposant que le plan du couple dont le sphéroïde terrestre est animé se confond avec le plan de l'équateur.

Mais comme, dans la rigueur mathématique des choses, l'axe OG de ce couple n'est pas le même que l'axe OA de la figure, ni que l'axe OI de la rotation θ à laquelle le couple donne naissance, il est bon, pour la satisfaction de l'esprit, de considérer ces trois axes distincts, et de voir comment l'axe du couple d'impulsion entraîne, pour ainsi dire, avec soi les deux autres, de telle manière que ces trois axes demeurent toujours très-voisins, et puissent être regardés comme à peu près confondus en un seul, sans qu'il en résulte aucune erreur sensible à l'observation. C'est une presque coïncidence qu'on admet généralement, mais dont on ne donne guère que des raisons assez vagues, et tirées de considérations étrangères que je voudrais ici entièrement écarter.

Il s'agirait donc de prouver que, dans notre sphéroïde terrestre, le pôle I de la rotation est actuellement, et doit toujours rester très-voisin du pôle A de ce sphéroïde. Mais comme je ne vois pas qu'on puisse établir ce point délicat sans rien emprunter à l'observation, je dois commencer par exposer, en peu de mots, ce que l'observation nous a d'abord appris sur le mouvement de la Terre autour de son centre de gravité, et chercher ensuite ce que la théorie y ajoute pour donner de ce mouvement une idée plus complète, c'est-à-dire qui nous montre clairement la position et la dépendance mutuelle des trois axes distincts dont il s'agit. Par cette manière de procéder, nous aurons encore cet avantage de présenter et de développer la question tout entière dans l'ordre naturel de nos connaissances acquises.

II.

Idée du mouvement de la Terre autour de son centre, uniquement tirée de l'observation.

13. Si l'on rapporte ce mouvement aux étoiles, regardées comme autant de points fixes dans l'espace, on voit clairement que la Terre tourne sur un certain axe OI, avec une certaine vitesse angulaire θ, qui nous paraît uniforme d'après nos instruments les plus précis pour la mesure exacte du temps.

14. On reconnaît ensuite que le pôle I de la rotation reste *immobile* à la surface de la Terre, ou du moins que s'il s'y déplace, ce déplacement est insensible : car en observant les distances angulaires des lieux terrestres à ce pôle I, on ne trouve aucune variation sensible dans ces angles, ou dans leurs compléments à un droit, qui forment ce qu'on appelle les *latitudes terrestres*.

Précession des équinoxes.

13. Mais si l'on observe la position de ce pôle I sur la sphère étoilée, on trouve qu'il s'y meut, et qu'il décrit très-lentement une circonférence σ autour du pôle fixe E de l'écliptique, dont il est éloigné dans le ciel d'un angle de 23° ½ environ. Ce mouvement du pôle se fait dans un sens qu'on nomme *rétrograde*, parce qu'il est contraire à celui de la rotation diurne θ, que l'on prend naturellement comme le sens *direct*. La projection de l'axe OI sur le plan de l'écliptique, et, par conséquent, la ligne des nœuds, qui reste toujours perpendiculaire à cette projection, décrit donc le plan de l'écliptique d'un mouvement rétrograde, qui est d'environ 50″ par an ; de sorte que la révolution entière ne s'achève qu'au bout de 25 868 ans : et c'est en quoi consiste le phénomène de la *précession des équinoxes*.

Telle est donc l'idée que l'*observation* nous donne d'abord du mouvement de la Terre : *La Terre tourne sur un axe qui reste immobile dans son intérieur, tandis que cet axe tourne lentement dans l'espace autour de l'axe de l'écliptique.* Mais cette idée est imparfaite, et il faut ici que la *théorie* intervienne pour la rectifier.

16. Et, en effet, par nos principes dynamiques, il est impossible que l'axe de la rotation d'un corps reste immobile dans ce corps sans rester en même temps immobile dans l'espace absolu. Le pôle I de la rotation n'est donc point immobile à la surface de la Terre ; car, puisqu'il décrit une certaine courbe σ sur la sphère étoilée, il faut nécessairement qu'il décrive une certaine courbe s sur la sphère terrestre.

Cette courbe s est, il est vrai, très-petite ; je ne veux pas dire ici qu'elle soit d'une petite longueur, mais que son cours, qui est infini aussi bien que celui de la courbe σ, doit être renfermé dans un espace très-étroit, puisque l'observation ne nous montre aucun changement sensible dans les latitudes terrestres (14).

Or maintenant, si le pôle I décrit la courbe σ dans l'espace et la petite courbe s sur la surface de la Terre, il est démontré, en toute rigueur, que le mouvement de la Terre, autour de son centre de gravité O, est exactement le même que si le petit cône IOs, considéré comme attaché à la Terre et l'entraînant avec soi, roulait actuellement, sans glisser, sur la surface intérieure du cône IOσ qui resterait fixe dans l'espace absolu. Voilà l'idée parfaitement exacte qu'on doit se faire du mouvement de la Terre autour de son centre de gravité. (Sur quoi *voyez* la *Théorie nouvelle de la Rotation des corps,* insérée, en 1851, dans les *Additions* à la *Connaissance des Temps* pour 1854.)

Nutation de l'axe terrestre.

17. L'observation nous montre encore que la courbe σ qui sert de base à la surface du cône fixe, n'est pas exactement la circonférence d'un cercle, mais une espèce de courbe circulaire d'un rayon variable et périodique : car on voit le pôle I s'éloigner et se rapprocher alternativement du pôle E de l'écliptique, dans une période de $18^{ans} \frac{1}{7}$ environ ; et c'est ce petit mouvement d'oscillation, qui est à peu près de 9 secondes à droite et à gauche de sa position moyenne, qu'on appelle la *nutation* de l'axe terrestre.

Du mouvement moyen de la Terre.

18. Si l'on fait abstraction de cette petite oscillation du pôle I, pour ne considérer que le mouvement général et *moyen* qui l'entraîne toujours dans le même sens, autour du pôle E de l'écliptique, on pourra regarder la courbe σ comme une circonférence de cercle, décrite uniformément par le pôle I sur la sphère fixe des étoiles ; et alors on pourra conclure que la courbe s est aussi une circonférence de cercle sur la sphère mobile de la Terre. Et, en effet, si l'on donne le même rayon OI à ces deux sphères, il est visible que la vitesse $\dfrac{d\sigma}{dt}$ du pôle I pour décrire la courbe σ est parfaitement égale à la vitesse $\dfrac{ds}{dt}$ que le même pôle I a pour décrire la courbe s. Or, en désignant par ω cette commune vitesse, et par ρ et r les rayons de courbure des deux cônes respectifs IOσ et IOs, il est aisé de voir qu'on a toujours l'équation

$$\theta = \omega \left(\frac{1}{r} - \frac{1}{\rho} \right).$$

Donc, si l'on suppose ω et ρ constants, comme θ est aussi constante, il en résulte que le rayon r est constant, et que, par conséquent, s est un cercle aussi bien que σ.

On peut donc se faire une idée très-nette du mouvement *moyen* de l'axe terrestre, par cette image si simple de deux cônes circulaires, de même sommet O, dont l'un IOs, d'une très-petite ouverture 2δ, roule actuellement, sans glisser, sur la surface intérieure de l'autre IOσ, qui est d'une ouverture de 47 degrés environ.

On peut juger par là de l'extrême petitesse de cet angle δ sous lequel est décrit le cône roulant IOs : car il est visible que ce petit cône, pour tracer en roulant la surface entière du cône fixe IOσ, doit faire autant de tours sur lui-même que l'on peut compter de jours dans le temps de la révolution complète des équinoxes : ce qui donne un angle δ dont la valeur s'élève à peine à o″,0087 ; angle qui, non-seulement échappe à nos mesures les plus précises, mais qui tombe encore bien au-dessous de ceux qui commencent à nous échapper. Mais l'existence de ce petit cône IO*s* n'en est pas moins certaine ; il faut nécessairement qu'il ait une ouverture *finie* 2*δ*, sans quoi il n'y aurait plus de *précession* des équinoxes.

19. Voilà donc ce que l'observation nous apprend sur le moyen mouvement de la Terre autour de son centre de gravité. Nous voyons clairement la circonférence *σ* que le pôle I de la rotation décrit lentement sur la sphère étoilée ; et de là nous avons pu conclure le très-petit cercle *s* que le même pôle I décrit en un jour sur la sphère terrestre, et nous pourrions y marquer le point qui en fait le centre : mais nous ne voyons pas encore où il faudrait placer le point qui répond au pôle A de la Terre elle-même, quand nous la regardons comme un sphéroïde homogène aplati en A. Ce pôle A de la figure n'est pas visible, comme l'est pour nous le pôle I de la rotation, et nos mesures géodésiques ne pourraient guère nous le donner d'une manière un peu précise. On suppose, comme je l'ai dit, que, dans la Terre, l'axe OI de la rotation doit être très-voisin de l'axe OA du corps ; mais pour en avoir une preuve qui satisfasse, il faut encore recourir à la théorie. Il faut voir d'abord ce qu'elle nous apprend sur la position mutuelle que doivent garder les trois axes OI, OG et OA dans le mouvement d'un sphéroïde homogène, ou en général d'un corps quelconque doué de *deux moments égaux d'inertie.* Nous verrons ensuite ce qu'on peut savoir de la direction et de la valeur moyenne du couple accélérateur K qui peut provenir de l'attraction des corps étrangers sur le sphéroïde dont il s'agit, afin d'arriver par la théorie à la connaissance précise du mouvement moyen qu'il doit avoir, et qui doit s'accorder avec le mouvement qu'on observe.

III.

Propriétés générales du mouvement de rotation d'un sphéroïde soumis à l'action de forces quelconques.

20. Et d'abord, quel que soit le mouvement d'un tel corps, et à quelque époque qu'on veuille le considérer, il est clair que l'axe OG du couple qui l'anime, l'axe OI de la rotation *θ* et l'axe OA de la figure seront toujours tous trois situés en même plan.

En second lieu, si l'on nomme *o* et *u* les distances angulaires respectives des deux axes OI et OG à l'axe OA, et qu'on désigne simplement par les lettres A et B les deux moments d'inertie du corps, l'un A autour de l'axe OA, l'autre B autour d'un diamètre quelconque OB de l'équateur, il est bien aisé

14

de voir (*) qu'on a toujours, pour la position mutuelle des trois axes dont il s'agit, cette relation très-simple

$$\text{B tang } o = \text{A tang } u ;$$

d'où il suit que si A est $>$ B, comme dans notre hypothèse d'un sphéroïde aplati, l'angle u est toujours plus petit que l'angle o, et que, par conséquent, le pôle G du couple d'impulsion tombe toujours entre le pôle I de la rotation et le pôle A de la figure.

Vous voyez encore, par ce rapport constant de tang o à tang u, que si l'on considérait les deux surfaces coniques que les deux axes OI et OG peuvent simultanément décrire dans l'intérieur du sphéroïde, ces deux surfaces, étant coupées par un même plan parallèle à l'équateur, donneraient deux courbes parfaitement semblables.

De cette même équation, B tang o = A tang u, vous pouvez tirer, pour l'expression de l'angle $(o - u)$, qui fait l'inclinaison mutuelle i des deux axes OI et OG, ces formules très-simples

$$\text{tang } i = \frac{(\text{A} - \text{B}) \text{ tang } o}{\text{A} + \text{B tang}^2 o} , \quad \text{ou} \quad \text{tang } i = \frac{(\text{A} - \text{B}) \text{ tang } u}{\text{B} + \text{A tang}^2 u} .$$

Ce qui permet de comparer les distances mutuelles des trois pôles I, G et A.

Et par exemple, dans le sphéroïde terrestre, où l'on suppose que le rapport des deux moments d'inertie A et B est à très-peu près celui de 308 à 307, on trouve que tang i est au moins 308 fois plus petite que tang o, et qu'ainsi le pôle du couple qui anime la Terre est beaucoup plus près du pôle de la rotation que du pôle de la figure.

21. Maintenant, je suppose que le sphéroïde terrestre soit abandonné à lui-même, c'est-à-dire à la seule impulsion du couple G. Le mouvement du corps sera exactement le même que si le cône droit et circulaire IOA roulait actuellement, sans glisser, sur le cône droit et circulaire IOG dont l'axe OG deviendrait fixe dans l'espace absolu. Or ce mouvement est, comme on voit, bien différent de celui qu'on observe : car le pôle I de la rotation, au lieu de décrire sur la sphère céleste une circonférence, de rayon sin IOE, autour du pôle E de l'écliptique, et dans un sens *rétrograde*, décrirait un petit cercle de rayon sin $\widehat{\text{IOG}}$ autour du pôle G, et dans un sens *direct*.

La Terre n'est donc point abandonnée à elle-même, et il est certain qu'il doit venir sur elle du dehors quelque couple accélérateur K, dont l'effort K dt se compose avec le couple actuel G, pour en faire varier à chaque instant

---

(*) *Théorie des cônes circulaires roulants.* (*Journal de Mathématiques* de M. Liouville, tome XVIII, page 41.)

l'axe et la grandeur. C'est en effet ce qui arrive, et ne peut provenir que de l'attraction des corps étrangers, fixes ou mobiles, qui sont autour de la Terre.

22. Or, si vous considérez un de ces corps, ou un point quelconque attirant S, il est aisé de voir, par la seule symétrie de la figure, que les forces d'attraction, qui vont de ce point S à toutes les molécules égales du sphéroïde, ont une résultante unique, partant du même point, et dont la direction tombe dans le plan SOA qui est un des méridiens de ce sphéroïde. Cette force, étant transportée parallèlement à elle-même au centre de gravité O, ne peut donc donner, pour troubler la rotation autour de ce centre, qu'un couple situé dans un plan perpendiculaire à l'équateur. Et, comme on peut dire la même chose de tous les couples semblables, dus à tous les autres points attirants qui pourraient agir sur le sphéroïde, il s'ensuit que leur couple résultant total K tombe aussi dans un plan toujours perpendiculaire à l'équateur. L'axe OK de ce couple n'est donc autre chose qu'un des diamètres de l'équateur, et, par conséquent, un axe principal du sphéroïde, autour duquel le moment d'inertie est B. Ce couple ne peut donc tendre qu'à faire tourner, à chaque instant, sur son axe OK lui-même, et à produire une certaine rotation $\chi\,dt$ dont la valeur est exprimée par la fraction $K\,dt : B$.

Or, maintenant, imaginez que cette rotation infiniment petite $\chi\,dt$ vienne, à chaque instant, se composer avec la rotation finie θ, pour en troubler l'axe et la grandeur; il est visible que, dans le parallélogramme construit sur les deux lignes qui représenteraient ces rotations θ et $\chi\,dt$, la diagonale θ', qui représentera la rotation du corps au bout d'un instant, donnera, si on la projette sur l'axe OA du sphéroïde, une projection $\theta' \cos o'$ parfaitement égale à la projection $\theta \cos o$ que donne le côté θ de ce parallélogramme.

D'où l'on voit que si, par l'accession continuelle du couple accélérateur, la rotation du corps change, à chaque instant, de grandeur θ et d'inclinaison o, ces variations sont telles, que le produit $\theta \cos o$ ne varie point.

Ainsi la rotation du sphéroïde, *estimée* autour de son axe OA, demeure constante dans tout le cours du mouvement.

Et remarquez que ce théorème ne dépend, ni du nombre des corps attirants S, S', etc., ni de la loi suivant laquelle ils attirent; loi qui pourrait changer d'un corps à l'autre, et d'un instant à l'autre, comme on voudra. Il n'est pas même nécessaire de supposer que le sphéroïde attiré soit homogène. Car, en le considérant comme la réunion des anneaux que chaque partie plane du méridien décrit dans sa révolution autour de l'axe, il suffit de supposer que chacun de ces anneaux est homogène : la densité pouvant varier, de l'un à l'autre, suivant telle loi, continue ou discontinue, qu'on voudra. D'où l'on voit que le théorème précédent convient à un sphéroïde quelconque hétérogène, où la densité, en chaque point, serait une fonction tout à fait arbitraire de la distance de ce point au centre du corps et de sa distance à l'équateur.

25. Par la seule théorie, nous sommes donc assurés que, dans la Terre, considérée comme un de ces sphéroïdes, $\theta \cos o$ est constant. Mais, d'un autre côté, par l'observation (13), nous voyons que θ elle-même est con·stante, et il en résulte que la distance angulaire o du pôle I au pôle A demeure aussi *constante*. Que par conséquent la droite qui fait l'axe du cône roulant IOs dont j'ai parlé plus haut, n'est autre chose que l'axe OA du sphéroïde lui-même.

Enfin, comme nous savons, par la presque invariabilité des latitudes terrestres (14), que l'ouverture $2o$ de ce cône est extrêmement petite, nous pouvons conclure que, pour la Terre, les axes OI, OG et OA sont tous trois renfermés dans l'intérieur d'un cône si petit, qu'on peut les regarder, sans aucune erreur sensible, comme n'en formant qu'un seul, quand il ne s'agit que d'étudier les mouvements de ces axes dans l'*espace absolu*. Point important que je voulais bien établir, afin de légitimer d'avance les calculs qui font l'objet des chapitres suivants.

CHAPITRE II.

I.

De la force qui vient du Soleil regardé comme un point, pour attirer la Terre regardée comme un sphéroïde homogène, aplati aux pôles ou renflé vers l'équateur.

1. Soient d'abord :

O le point qui fait le centre du sphéroïde terrestre,

T la masse de ce sphéroïde,

a le demi-axe de révolution,

b le demi-diamètre de l'équateur,

S le centre du Soleil regardé comme un point dont la masse est S,

x, y, z les trois coordonnées rectangles de ce point S, rapportées au centre O de la Terre, et en supposant :

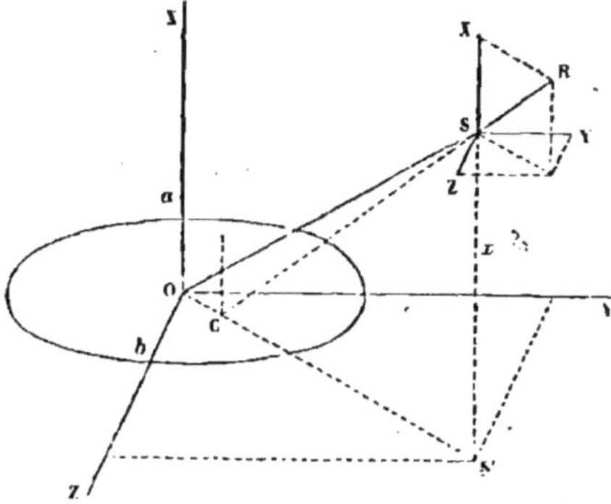

Les x dirigées suivant l'axe du sphéroïde terrestre, et comptées comme positives en allant du centre O vers le *pôle boréal;*

Les z dirigées suivant l'intersection de l'équateur avec le plan de l'écliptique, ou ce qu'on appelle la *ligne des nœuds,* et comptées comme positives en allant vers le nœud ascendant du Soleil, ou le premier point d'*Ariès;*

Enfin les y, suivant le diamètre perpendiculaire à la ligne des nœuds, et comptées comme positives en allant vers la projection du solstice d'été, ou du premier point du *Cancer.*

2. Comme toutes les forces qui vont du Soleil aux diverses molécules de la Terre sont supposées partir d'un même point S, il est d'abord évident que toutes ces forces ont une résultante unique R qui passe par ce point. Ensuite on voit, par la seule symétrie de la figure, que cette résultante est située dans le plan suivant lequel le rayon vecteur OS du Soleil se projette sur l'équateur. Enfin, de la seule hypothèse que l'attraction est plus forte à des distances moindres, on peut conclure encore que si le sphéroïde est aplati aux pôles, et par conséquent renflé vers l'équateur, le point C, où cette résultante R va couper l'équateur, tombe sur la projection même OS' du rayon vecteur du Soleil; tandis que ce point C tomberait de l'autre côté, sur le *prolongement* de cette projection OS', si le sphéroïde était allongé vers les pôles. Dans le cas du sphéroïde aplati, la résultante R, transportée parallèlement à elle-même du point C au centre O, donnera donc un couple qui, estimé autour de la ligne des nœuds, tendra toujours à *coucher* l'équateur sur le plan de l'écliptique; tandis que dans le cas du sphéroïde allongé elle donnerait un couple de sens contraire, et qui, estimé de même autour de la ligne des nœuds, tendrait toujours à *relever* l'équateur sur le même plan.

3. C'est du sens de ce couple autour de la ligne des nœuds que dépend le sens, ou *direct*, ou *rétrograde*, du mouvement de cette ligne sur le plan de l'écliptique : et, par *sens direct*, j'entends celui de la rotation de la Terre sur son axe, et non point celui de la révolution de la Terre autour du Soleil. Car, bien que dans la nature ces deux sens soient les mêmes, et qu'il soit indifférent d'indiquer l'un à la place de l'autre, il faut pourtant remarquer que ce n'est pas le sens de la révolution de la Terre dans son orbite qui détermine celui du mouvement des nœuds, et qu'il n'y a entre eux aucune relation nécessaire : car on verra bientôt que si la Terre venait à décrire son orbe en sens contraire, le mouvement des équinoxes serait encore le même qu'aujourd'hui; tandis que si la Terre venait à tourner sur son axe en sens contraire, le sens du mouvement des équinoxes serait changé. C'est donc uniquement au sens de la rotation du sphéroïde sur son axe, qu'il faut rapporter celui du mouvement des nœuds; or je dis que ces deux mouvements (considérés de leurs pôles respectifs de même nom) seront de même sens quand le sphéroïde sera *allongé*, et de sens contraire quand le sphéroïde sera *aplati* vers les pôles. D'où l'on voit que, dans la théorie de l'attraction, le seul phénomène observé du sens *rétrograde* des équinoxes aurait suffi pour démontrer l'*aplatissement* de la Terre.

4. Mais voyons maintenant comment on détermine d'une manière précise la grandeur et la position de la résultante R de toutes les attractions du point massif S sur toutes les molécules du sphéroïde dont il s'agit, et dont la masse est T.

On imagine d'abord que chaque force attractive qui va du point S à chaque molécule dT de ce sphéroïde est décomposée en trois autres parallèles aux trois axes respectifs des coordonnées x, y, z; on prend ensuite les trois sommes respectives de ces composantes parallèles aux axes, et ces trois résultantes partielles X, Y, Z, qui sont les trois composantes de la résultante générale R, en déterminent à la fois la grandeur et la position.

Soient donc x', y', z' les coordonnées d'une molécule quelconque dT du sphéroïde; r' sa distance au point S, de manière qu'on ait

$$r' = \sqrt{(x'-x)^2 + (y'-y)^2 + (z'-z)^2}.$$

Si l'on suppose, comme dans la nature, l'attraction proportionnelle à la masse et réciproque au carré de la distance, on aura, pour la force motrice que le point attirant S imprime à la molécule dT, l'expression $\dfrac{S \cdot dT}{r'^2}$; et, par conséquent, pour cette force estimée suivant l'axe des x,

$$\frac{S \cdot dT}{r'^2} \cdot \frac{x'-x}{r'};$$

ou bien, en mettant pour r' sa valeur, et pour la masse de la molécule dT, son volume $dx'\,dy'\,dz'$, ce qui revient à prendre la densité du sphéroïde pour l'unité, on aura l'expression

$$\frac{S \cdot (x'-x)\,dx'\,dy'\,dz'}{[(x'-x)^2 + (y'-y)^2 + (z'-z)^2]^{\frac{3}{2}}},$$

et, par conséquent, pour la somme X de toutes les forces semblables parallèles à l'axe des x,

$$X = \int\int\int \frac{S\,(x'-x)\,dx'\,dy'\,dz'}{[(x'-x)^2 + (y'-y)^2 + (z'-z)^2]^{\frac{3}{2}}},$$

le triple signe $\int\int\int$ indiquant trois intégrations qu'il faut faire successivement par rapport aux trois variables x', y', z', en ayant soin d'étendre l'intégration au volume entier du sphéroïde, dont la surface est représentée par l'équation

$$b^2 x'^2 + a^2 (y'^2 + z'^2) = a^2 b^2.$$

On aura, pour les deux autres résultantes partielles Y et Z, des formules toutes semblables, et si l'on développe le calcul, on trouvera que l'expression des trois forces X, Y, Z sera de la forme suivante :

$$X = A x,$$
$$Y = B y,$$
$$Z = B z;$$

formules où les deux coefficients A et B seront des quantités *constantes* si le point attiré ou attirant S est en *dedans* du sphéroïde, mais où ces mêmes coefficients seront variables avec les coordonnées x, y, z du point S si ce point est en *dehors* : ce qui fait, dans la théorie de l'attraction des sphéroïdes, deux cas fort distincts, selon qu'il s'agit d'un point attiré pris en dedans ou en dehors du sphéroïde que l'on considère.

Dans l'un et l'autre cas, les deux forces Y et Z étant entre elles comme les coordonnées y et z du point S, le point C où la direction de la résultante R des trois forces X, Y, Z va traverser le plan de l'équateur, est toujours situé sur la projection du rayon vecteur OS, comme on l'avait déjà reconnu par la seule symétrie de la figure.

8. Cela posé, concevez que les trois forces X, Y, Z se transportent parallèlement à elles-mêmes au point C de la direction de leur résultante, les deux forces Y et Z donneront une résultante partielle $\sqrt{Y^2 + Z^2}$ qui passera par le centre O du sphéroïde, et, par conséquent, ne donnera pas de couple autour de ce centre; mais la force X appliquée en C perpendiculairement à l'équateur, si elle est transportée parallèlement à elle-même au centre O, donnera un couple, au bras de levier CO, lequel sera le couple qui proviendra des trois forces X, Y, Z, ou de leur résultante R, qu'on aurait transportées immédiatement du point S au centre O du sphéroïde.

Le couple accélérateur g, qui vient du Soleil pour troubler le mouvement de rotation de la Terre, est donc exprimé, pour sa grandeur, par le produit $X . \overline{CO}$; et son axe est toujours perpendiculaire à la fois au rayon vecteur OS du Soleil et à la projection OS′ de ce rayon sur le plan de l'équateur.

Or il est facile de voir qu'on a

$$\overline{CO} = \overline{OS'} - \overline{CS'} = \sqrt{y^2 + z^2} - x\,\frac{\sqrt{Y^2 + Z^2}}{X},$$

et, par conséquent, on a pour le produit $X . \overline{CO}$, ou le couple g,

$$g = X \sqrt{y^2 + z^2} - x \sqrt{Y^2 + Z^2};$$

d'où, en mettant pour X, Y, Z leurs valeurs, on tire

$$g = (A - B)\, x \sqrt{y^2 + z^2}.$$

6. Vous arriveriez encore plus directement à cette expression du couple g, de la manière suivante. Transportez immédiatement les trois forces X, Y, Z parallèlement à elles-mêmes du point S au centre O du sphéroïde, il en naîtra les trois couples

$$Xz - Zy = L,$$
$$Zx - Xz = M,$$
$$Xy - Yx = N$$

autour des trois axes respectifs des x, y, z; et, en mettant pour X, Y, Z leurs valeurs Ax, By, Bz, vous aurez

$$L = o,$$
$$M = (B - A)\, xz,$$
$$N = (A - B)\, xy\,;$$

et, pour le résultant g de ces trois couples,

$$g = \sqrt{\overline{L^2 + M^2 + N^2}},$$

et, par conséquent,

$$g = (A - B)\, x \sqrt{\overline{y^2 + z^2}},$$

comme ci-dessus.

7. Reste donc à trouver les valeurs de A et de B dans l'expression de ces forces attractives Ax, By, Bz.

Or on démontre d'abord que si le point attiré S, ou, ce qui revient au même, le point qui attire est dans l'intérieur du sphéroïde, on a pour A et B les valeurs suivantes :

$$A = \frac{3.S.T}{a^3\lambda^3}\, (\lambda - \text{arc tang}\, \lambda),$$

$$B = \frac{3.S.T}{2\,a^3\lambda^3}\, \left(\text{arc tang}\, \lambda - \frac{\lambda}{1 + \lambda^2} \right),$$

S étant la masse du point qui attire, T celle du sphéroïde aux axes a et b, et λ étant égal à $\dfrac{\sqrt{b^2 - a^2}}{a} = \dfrac{c}{a}$, c'est-à-dire au rapport de l'excentricité de ce sphéroïde à son demi-axe de révolution.

Au lieu de ces expressions de A et B, on peut (à cause de $a^2\lambda^2 = c^2$), écrire plus simplement

$$A = \frac{3\,S.T}{c^3}\, (\lambda - \text{arc tang}\, \lambda),$$

$$B = \frac{3\,S.T}{2\,c^3}\, \left(\text{arc tang}\, \lambda - \frac{\lambda}{1 + \lambda^2} \right).$$

Telles sont les valeurs des coefficients A et B lorsque le point S est situé dans l'intérieur du sphéroïde.

8. Mais si ce point S est pris au dehors, on n'a plus, pour A et B, des *constantes* dépendantes uniquement de l'axe a et de l'excentricité c du sphéroïde, mais des quantités *variables* avec les coordonnées du point dont il s'agit. Ainsi, les coefficients A et B sont alors des fonctions de x, y, z; mais, ce qui est digne de remarque, c'est qu'on peut les exprimer de la même manière que les précédentes, c'est-à-dire par les formules semblables :

$$A = \frac{3\,S.T}{e^3}\left(\lambda' - \text{arc tang } \lambda'\right),$$

$$B = \frac{3\,S.T}{2\,e^3}\left(\text{arc tang } \lambda' - \frac{\lambda'}{1 + \lambda'^2}\right),$$

où l'on suppose $\lambda' = \dfrac{e}{a'}$, et a' donné par l'équation.

$$2\,a'^2 = x^2 + y^2 + z^2 - e^2 + \sqrt{(x^2 + y^2 + z^2 - e^2)^2 + 4\,e^2 x^2}.$$

Je n'entre point ici dans le détail d'une démonstration, qui se trouve dans plusieurs ouvrages, et notamment dans le tome II de la *Mécanique céleste* de Laplace; mais je vais indiquer quelques conséquences qui résultent de ces formules générales.

9. On voit d'abord que ces coefficients A et B, relatifs aux points extérieurs, ne sont variables qu'avec la fonction a'; de sorte que si l'on ne considère que des points extérieurs dont les coordonnées x, y, z satisfassent à l'équation $a' = constante$, A et B seront deux constantes comme dans le cas des points pris dans l'intérieur du sphéroïde. Dans cette hypothèse de $a' = constante$, les trois forces X, Y, Z donneront donc autour des axes des y et z, deux couples M et N proportionnels aux simples fonctions xz, xy, et le résultant g proportionnel à la fonction $x\sqrt{y^2 + z^2}$.

10. On peut encore remarquer que, dans l'expression générale des forces Ax, By, Bz, il n'y a de relatif au sphéroïde que sa masse T et son excentricité e. On pourrait donc changer le sphéroïde en un autre quelconque de même masse et de mêmes foyers sans changer sa force d'attraction sur le point donné S, ni le couple g qui provient de cette force transportée parallèlement à elle-même au centre O de ce sphéroïde.

11. On voit encore que ce couple g, qui est exprimé par

$$g = (A - B)\,x\sqrt{y^2 + z^2},$$

ne peut devenir nul que dans deux cas : 1° quand $x = 0$, c'est-à-dire quand le point S tombe dans le plan de l'équateur (yz); 2° quand $\sqrt{y^2 + z^2} = 0$, c'est-à-dire quand le point S tombe sur la direction de l'axe des x, qui est celle de l'axe a du sphéroïde; ce qui était d'ailleurs évident de soi-même, puisque, dans ces deux cas, la résultante R doit évidemment passer par le centre de gravité O du sphéroïde.

12. Mais il y a un troisième cas, relatif à l'espèce de ce sphéroïde, où g serait encore nul; c'est celui de $e = 0$, c'est-à-dire le cas où le sphéroïde est une sphère parfaite. Si donc nos expressions sont bonnes, il faut que, dans le cas de la sphère, on ait A — B = 0, ou A = B, et, par conséquent;

il faut que la fraction

$$\frac{A}{B} = \frac{2(1+\lambda'^2)(\lambda' - \text{arc tang }\lambda')}{(\text{arc tang }\lambda')(1+\lambda'^2) - \lambda'}$$

devienne $= 1$, quand on suppose $e = 0$.

Or $e = 0$ donnant aussi $\lambda' = 0$, il n'y a qu'à chercher sur-le-champ, par les règles du calcul différentiel, la vraie valeur de cette fraction quand on y fait $\lambda' = 0$, et l'on trouvera, après avoir différentié deux fois relativement à λ', que cette fraction est effectivement égale à l'unité. Ainsi, dans le cas de la sphère on a toujours $A = B$, de sorte que les trois forces X, Y, Z sont proportionnelles aux trois coordonnées x, y, z, et qu'ainsi la résultante R est dirigée vers l'origine O, et ne donne aucun couple g autour de ce point.

13. Quant à la commune valeur de A ou B dans ce cas particulier de $e = 0$, on peut également la déterminer par les règles ordinaires. Considérez, en effet, l'expression générale

$$A = \frac{3\,S\,.\,T}{e^3}\left(\frac{e}{a'} - \text{arc tang }\frac{e}{a'}\right),$$

où vous mettrez, au lieu de a', sa valeur en e, laquelle (en faisant, pour abréger, $x^2 + y^2 + z^2 = r^2$) est

$$a' = \frac{\sqrt{2}}{2}\sqrt{(r^2 - e^2) + \sqrt{(r^2 - e^2)^2 + 4\,e^2\,x^2}}.$$

Si vous cherchez la vraie valeur de cette expression de A dans le cas de $e = 0$, vous trouverez qu'elle est

$$A = \frac{S\,.\,T}{r^3}.$$

Les trois forces X, Y, Z qui sont alors exprimées par $A\,x$, $A\,y$, $A\,z$ donnent donc leur résultante

$$R = \sqrt{X^2 + Y^2 + Z^2} = A\sqrt{x^2 + y^2 + z^2} = A\,r;$$

ou, en mettant pour A sa valeur $\dfrac{S\,.\,T}{r^3}$,

$$R = \frac{S\,.\,T}{r^2};$$

d'où l'on voit qu'une sphère homogène est attirée par un point extérieur S, ou l'attire, avec la même force que si toute la masse T de cette sphère était réunie dans son centre de gravité.

14. Si l'on reprend les expressions générales de A et de B, et qu'on y mette, au lieu de arc tang λ' et de $\dfrac{\lambda'}{1+\lambda'^2}$, leurs développements en séries

par les puissances de λ', on trouvera :

$$A = \frac{3\,ST}{e^3}\left(\frac{1}{3}\lambda'^3 - \frac{1}{5}\lambda'^5 + \frac{1}{7}\lambda'^7 - \frac{1}{9}\lambda'^9 + \dots\right),$$

$$B = \frac{3\,ST}{e^3}\left(\frac{1}{3}\lambda'^3 - \frac{2}{5}\lambda'^5 + \frac{3}{7}\lambda'^7 - \frac{4}{9}\lambda'^9 + \dots\right);$$

et, pour la différence $A - B$,

$$A - B = \frac{3\,ST}{e^3}\left(\frac{1}{5}\lambda'^5 - \frac{2}{7}\lambda'^7 + \frac{3}{9}\lambda'^9 - \dots\right),$$

ou bien, si l'on met pour λ' sa valeur $\dfrac{c}{a'}$, on aura

$$A - B = \frac{3\,ST}{a'^3}\left(\frac{1}{5}\frac{e^2}{a'^2} - \frac{2}{7}\frac{e^4}{a'^4} + \frac{3}{9}\frac{e^6}{a'^6} - \dots\right).$$

15. La quantité $c^2 = b^2 - a^2$ étant, pour la Terre, une petite fraction, à peu près $\dfrac{1}{154}$, du carré a^2 de son demi-axe, la fraction $\dfrac{c^2}{a'^2}$ est extrêmement petite; car a', qui est à peu près égal à la distance r du Soleil, est environ 24000 fois plus grand que a; de sorte que la fraction

$$\frac{c^2}{a'^2} \text{ ne vaut guère que } \frac{1}{154 \cdot (24000)^2}.$$

En négligeant donc les puissances supérieures $\dfrac{e^4}{a'^4}$, etc., on aurait, à très-peu près,

$$A - B = \frac{3\,ST\,e^2}{5\,a'^3}.$$

16. Supposons que le Soleil se meuve dans une orbite telle, qu'on ait toujours $a' = constante = K$; on aura, entre les coordonnées x, y, z, l'équation

$$2a'^2 = \text{const} = 2K^2 = r^2 - e^2 + \sqrt{(r^2 - e^2)^2 + 4e^2 x^2},$$

ou bien, en faisant disparaître le radical, et mettant pour r^2 sa valeur $x^2 + y^2 + z^2$, on aura

$$K^2(x^2 + y^2 + z^2) + e^2 x^2 = K^2(K^2 + e^2).$$

Mais le plan de l'orbite du Soleil étant le plan même de l'écliptique, lequel passe par l'axe des z, si l'on nomme ε l'inclinaison de ce plan à l'équateur, on a toujours

$$x = y \tang \varepsilon;$$

et, par conséquent, si l'on substitue au lieu de x cette valeur, il vient

$$K^2 z^2 + (K^2 \sec^2 \varepsilon + e^2 \tang^2 \varepsilon)\, y^2 = K^2(K^2 + e^2),$$

pour la projection de l'orbite sur le plan (yz) de l'équateur.

Pour avoir l'équation de l'orbite elle-même considérée dans son plan, conservons z comme ligne des abscisses, et nommons u l'ordonnée abaissée du point S sur cette ligne; on aura $y = \dfrac{u}{\sec \varepsilon}$, et substituant cette valeur de y, il viendra, pour l'équation de l'orbite,

$$K^2 z^2 + (K^2 + e^2 \sin^2 \varepsilon) u^2 = K^2 (K^2 + e^2).$$

C'est une ellipse décrite autour du centre O, et dont les demi-axes $\bar{z}$ et $\bar{u}$ sont

$$\bar{z} = \sqrt{K^2 + e^2}, \quad \bar{u} = \frac{\sqrt{K^2 + e^2}}{\sqrt{1 + \dfrac{e^2 \sin^2 \varepsilon}{K^2}}}.$$

Ainsi notre hypothèse de $a' = constante$ revient à supposer que le Soleil décrit, dans le plan de l'écliptique, une orbite à peu près circulaire du rayon K; car, en prenant le rapport des deux axes $\bar{z}$ et $\bar{u}$ de l'ellipse dont il s'agit, on a

$$\bar{z} : \bar{u} = \sqrt{1 + \frac{\sin^2 \varepsilon}{154 \cdot (24000)^2}} = 1,$$

à moins d'une fraction plus petite que $\dfrac{\sin^2 \varepsilon}{308 (24000)^2}$.

17. Dans cette comparaison, en prenant $K = 24000\, a$, j'ai supposé K égal à la distance du Soleil; et c'est en effet ce qui a lieu, à très-peu près, comme on le voit par l'équation

$$2 K^2 = r^2 - e^2 + \sqrt{(e^2 - e'^2)^2 + 4 e^2 x^2},$$

car en y mettant pour x^2, $r^2 \sin^2 \varepsilon$ (qui est la plus grande valeur que puisse avoir x^2), on aurait

$$2 K^2 = (r^2 - e^2) \left[1 + \sqrt{1 + \frac{4 e^2 r^2 \sin^2 \varepsilon}{(r^2 - e^2)^2}} \right],$$

ce qui donne $K^2 = r^2 - e^2$, à la très-petite fraction près $\dfrac{e^2 r^2 \sin^2 \varepsilon}{(r^2 - e^2)^2}$, ou, en négligeant e^2 devant r^2,

$$a'^2 = K^2 = r^2,$$

comme je l'ai supposé plus haut.

18. Il résulte donc de cette analyse que, vu le petit aplatissement du sphéroïde terrestre, et la grande distance r du Soleil, les forces attractives X, Y, Z que ce corps exerce sur la Terre, peuvent être représentées par les simples fonctions Ax, By, Bz, où l'on regarde A et B comme deux constantes, dont les valeurs très-approchées sont exprimées par

$$A = \frac{S.T}{r^3}\left(1 - \frac{3}{5}\frac{c^2}{r^2}\right),$$

$$B = \frac{S.T}{r^3}\left(1 - \frac{6}{5}\frac{c^2}{r^2}\right),$$

et la différence $A - B$, par

$$A - B = \frac{3.S.T.c^2}{5.r^5},$$

de sorte que les trois couples L, M, N qui naissent de ces forces autour des trois axes des x, y, z, sont exprimées par

$$L = 0,$$

$$M = -\frac{3.S.T.c^2}{5.r^5} \cdot xz,$$

$$N = \frac{3.S.T.c^2}{5.r^5} \cdot xy.$$

Telles sont les expressions très-simples des deux couples M et N qui viennent du Soleil pour faire tourner le sphéroïde terrestre; l'un N, autour du diamètre de l'équateur, qui fait la ligne z des équinoxes; l'autre M, autour du diamètre y perpendiculaire à celui-là, et qui est tourné vers les solstices.

Mais avant d'employer ces formules, il est bon de faire voir qu'on les peut tirer d'une analyse plus directe, due à Euler, et qui a l'avantage d'être applicable non-seulement à un sphéroïde homogène, mais à un corps de figure quelconque; ce qui peut être utile dans la solution d'autres problèmes.

II.

De l'action d'un centre attirant S sur un corps T de figure quelconque.

19. Soient toujours, comme dans l'analyse qui précède, x, y, z les coordonnées du point attiré ou attirant S, l'origine de ces coordonnées étant prise au centre de gravité du corps T, et leurs directions parallèles aux trois axes principaux de ce corps. Soient de même x', y', z' les coordonnées d'une molécule dT suivant les mêmes axes; et, enfin, r' la distance de cette molécule au point S.

On aura, comme plus haut, pour les trois forces motrices X, Y, Z que le point massif S envoie au corps T,

$$X = S . \int \frac{x - x'}{r'^3} dT,$$

$$Y = S . \int \frac{y - y'}{r'^3} dT,$$

$$Z = S . \int \frac{z - z'}{r'^3} dT,$$

en étendant la somme désignée par $\int$ à toutes les molécules du corps.
Or on a

$$r' = \sqrt{(x-x')^2 + (y-y')^2 + (z-z')^2},$$

et, par conséquent,

$$\frac{1}{r'^3} = [(x-x')^2 + (y-y')^2 + (z-z')^2]^{-\frac{3}{2}};$$

ou bien, en développant les carrés, et faisant $x^2 + y^2 + z^2 = r^2$,

$$\frac{1}{r'^3} = \frac{1}{r^2}\left[1 - 2\cdot\frac{xx'+yy'+zz'}{r^2} + \frac{x'^2+y'^2+z'^2}{r^2}\right]^{-\frac{3}{2}}.$$

Mais si l'on suppose (ce qui a lieu dans la question dont il s'agit) que la distance r du point attirant S au centre du corps T soit très-grande relativement aux dimensions de ce corps, les coordonnées x', y', z' seront très-petites par rapport à r, et la quantité $\left(-2\dfrac{xx'+yy'+zz'}{r^2} + \dfrac{x'^2+y'^2+z'^2}{r^2}\right)$, que je regarde comme formant le second terme du binôme à développer, sera une très-petite fraction du premier terme 1 de ce binôme. On pourra donc exprimer $\dfrac{1}{r'^3}$ par une série très-convergente, et si l'on fait le calcul, en se bornant aux secondes dimensions de x', y', z', et rejetant toutes les autres, on trouvera, pour $\dfrac{1}{r'^3}$, cette valeur très-approchée :

$$\frac{1}{r'^3} = \frac{1}{r^3} + \frac{3(xx'+yy'+zz')}{r^5} - \frac{3}{2}\cdot\frac{x'^2+y'^2+z'^2}{r^5} + \frac{15}{2}\cdot\frac{(xx'+yy'+zz')^2}{r^7}.$$

Actuellement, qu'on substitue cette valeur à la place de $\dfrac{1}{r'^3}$ dans les formules précédentes, et qu'on y supprime tous les termes où x', y', z' s'élèveront aux troisièmes dimensions; si l'on fait, pour abréger,

$$\int x'^2 \, dT = a^2 T, \qquad \int y'^2 \, dT = b^2 T, \qquad \int z'^2 \, dT = c^2 T,$$

et si l'on observe que, par la propriété du centre de gravité et des axes principaux, on a

$$\int x' \, dT = 0, \qquad \int y' \, dT = 0, \qquad \int z' \, dT = 0,$$

$$\int x'y' \, dT = 0, \qquad \int x'z' \, dT = 0, \qquad \int y'z' \, dT = 0,$$

un trouvera, toute réduction faite,

$$X = \frac{3.S.T}{r^5} a^2 x + S.T \left(\frac{1}{r^3} + \frac{3}{2} \cdot \frac{a^2 + b^2 + c^2}{r^5} - \frac{15}{2} \cdot \frac{a^2 x^2 + b^2 y^2 + c^2 z^2}{r^7} \right) x,$$

$$Y = \frac{3.S.T}{r^5} b^2 y + S.T \left(\frac{1}{r^3} + \frac{3}{2} \cdot \frac{a^2 + b^2 + c^2}{r^5} - \frac{15}{2} \cdot \frac{a^2 x^2 + b^2 y^2 + c^2 z^2}{r^7} \right) y,$$

$$Z = \frac{3.S.T}{r^5} c^2 z + S.T \left(\frac{1}{r^3} + \frac{3}{2} \cdot \frac{a^2 + b^2 + c^2}{r^5} - \frac{15}{2} \cdot \frac{a^2 x^2 + b^2 y^2 + c^2 z^2}{r^7} \right) z;$$

ce qui donne la grandeur et la position de la résultante R de toutes les forces attractives qui vont du point S à toutes les molécules du corps T.

Maintenant, pour obtenir les trois couples L, M, N composants du couple g qui naîtrait de cette force R transportée parallèlement à elle-même du centre de gravité, on a les expressions

$$L = Yz - Zy,$$
$$M = Zx - Xz,$$
$$N = Xy - Yx,$$

où il n'y a plus qu'à substituer les valeurs précédentes de X, Y, Z. Mais, auparavant, on peut faire une remarque très-simple, qui abrége beaucoup cette substitution; c'est qu'ici, au lieu de chacune des valeurs de X, Y, Z, il suffit de mettre la seule première partie de son expression, sans tenir compte de la seconde où sont placées les parenthèses; car ces trois dernières quantités étant entre elles comme x, y, z, on peut les considérer comme trois forces dont la résultante passerait par l'origine, et ne donnerait point de couple. Le couple résultant g est donc le même que s'il provenait de trois simples forces représentées par

$$\frac{3.S.T}{r^5} a^2 x, \quad \frac{3.S.T}{r^5} b^2 y, \quad \frac{3.S.T}{r^5} c^2 z,$$

qui ne sont que les premiers termes des expressions complètes de X, Y, Z. De sorte qu'en mettant ces simples valeurs, on aura tout de suite, pour les composants L, M, N du couple résultant g :

$$L = \frac{3.S.T}{r^5} (c^2 - b^2) yz,$$
$$M = \frac{3.S.T}{r^5} (a^2 - c^2) xz,$$
$$N = \frac{3.S.T}{r^5} (b^2 - a^2) xy.$$

Voilà donc des formules générales qui donnent d'une manière très-approchée la force et le couple qui viennent d'un point massif attirant S sur un corps T de figure quelconque, pourvu que les dimensions de ce corps soient très-petites en comparaison de sa distance r au point S, ce qui est le cas général des corps célestes.

20. Dans ces formules, où les quantités a^2, b^2, c^2 sont définies par les équations

$$a^2 T = \int x'^2 \, dT, \qquad b^2 T = \int y'^2 \, dT, \qquad c^2 T = \int z'^2 \, dT,$$

il est visible que les trois quantités

$$(b^2 + c^2)T, \qquad (a^2 + c^2)T, \qquad (a^2 + b^2)T$$

représentent les trois moments d'inertie du corps T autour des trois axes principaux des x, y, z.

Or si le corps est un ellipsoïde homogène aux rayons principaux α, β, γ, les moments d'inertie sont exprimés, comme on le sait, par

$$\frac{\beta^2 + \gamma^2}{5} T, \qquad \frac{\alpha^2 + \gamma^2}{5} T, \qquad \frac{\alpha^2 + \beta^2}{5} T,$$

d'où l'on tire, en comparant,

$$c^2 - b^2 = \frac{\gamma^2 - \beta^2}{5}, \qquad a^2 - c^2 = \frac{\alpha^2 - \gamma^2}{5}, \qquad b^2 - a^2 = \frac{\beta^2 - \alpha^2}{5};$$

et, substituant ces valeurs dans les expressions de L, M, N, on aura

$$L = \frac{3.S.T}{5.r^5} (\gamma^2 - \beta^2) \, yz,$$

$$M = \frac{3.S.T}{5.r^5} (\alpha^2 - \gamma^2) \, xz,$$

$$N = \frac{3.S.T}{5.r^5} (\beta^2 - \alpha^2) \, xy;$$

où α, β, γ désignent les rayons principaux de l'ellipsoïde homogène que l'on considère et dont la masse est T.

Si cet ellipsoïde est de révolution autour de l'axe α, on aura $\gamma = \beta$; et si l'on fait $\beta^2 - \alpha^2 = c^2$, en sorte que c représente l'excentricité du sphéroïde, il viendra

$$L = 0,$$

$$M = - \frac{3.S\ T.c^2}{5.r^5} \, xz,$$

$$N = \frac{3.S.T.c^2}{5.r^5} \, xy,$$

expressions qui coïncident parfaitement avec celles qu'on avait tirées plus haut de la théorie de l'attraction des sphéroïdes : ce qui confirme à la fois notre analyse et nos hypothèses.

III.

Examen de deux couples M *et* N *qui agissent à chaque instant sur la Terre.*

21. Examinons d'abord le couple accélérateur N qui tend à faire tourner la Terre sur la ligne z des nœuds.

Si l'on nomme φ la distance angulaire du Soleil au nœud, ou ce qu'on appelle la *longitude* du Soleil, il est évident qu'on a

$$x = r \sin \varepsilon . \sin \varphi,$$

ε étant l'obliquité de l'écliptique ou son inclinaison à l'équateur : on a d'ailleurs, comme on l'a vu plus haut,

$$x = y \tan\mskip2mu\varepsilon;$$

en substituant donc au lieu de x et y leurs valeurs en ε et φ, on aura

$$N = -\frac{3.S.T.c^3}{5.r^3} \sin \varepsilon . \cos \varepsilon \, \sin^2 \varphi$$

pour l'expression du couple N.

22. On voit par là que *le couple* N *qui vient du Soleil pour faire tourner la Terre sur la ligne des nœuds est proportionnel au* carré *du sinus de la longitude.*

D'où résulte, d'abord, que ce couple agit toujours dans le *même sens* quelle que soit la position du Soleil dans son orbite; car $\sin^2 \varphi$ a toujours le même signe quel que soit l'angle φ.

On voit, ensuite, que le même couple N est *nul* dans les *équinoxes*, à son *maximum* dans les *solstices* : et, quant à sa valeur *moyenne*, il est aisé de voir qu'elle tombe précisément dans les *octants*; car en cherchant la moyenne de toutes les valeurs que prend la fonction $\sin^2 \varphi$, en faisant croître uniformément l'angle φ depuis $\varphi = 0$ jusqu'à $\varphi = 90^\circ$, on trouve la fraction $\frac{1}{2}$; donc en nommant φ' l'angle qui répond à cette moyenne valeur de $\sin^2 \varphi$, on aura $\sin^2 \varphi' = \frac{1}{2}$, d'où $\sin \varphi' = \frac{1}{\sqrt{2}}$, et $\varphi' = 45^\circ$.

Au lieu de $\sin^2 \varphi$, on peut mettre $\frac{1}{2}(1 - \cos 2\varphi)$, ou bien $\frac{1}{2} \sin$ verse 2φ, et l'on peut dire aussi que *le couple* N *est proportionnel au* sinus verse *du double de la longitude du Soleil.*

23. Si l'on nomme v la distance angulaire du Soleil à l'équateur, ou ce qu'on nomme la *déclinaison*, on a $x = r \sin v$, et partant, $x^2 = r^2 \sin^2 v$: et l'on peut dire encore que *le couple* N *est propr*tionnel au carré du sinus de la* *déclinaison du Soleil*; ce qui était d'ailleurs assez évident, puisque dans le triangle sphérique rectangle dont φ est l'hypoténuse et ν le côté opposé à l'angle ε, on a $\sin\nu : \sin\varphi :: \sin\varepsilon : 1$, et par conséquent $\sin\nu$ proportionnel à $\sin\varphi$.

L'angle ν ne s'étend que depuis $\nu = 0$ jusqu'à $\nu = \varepsilon$, inclinaison de l'équateur à l'écliptique : mais $\sin^2\nu$ étant proportionnel à $\sin^2\varphi$, arrive en même temps à sa valeur moyenne, laquelle est par conséquent la moitié de sa valeur *maximum* $\sin^2\varepsilon$. Si donc on voulait avoir la déclinaison ν' qui répond à cette valeur moyenne de $\sin^2\nu$, on aurait pour déterminer ν', l'équation

$$\sin^2\nu' = \frac{\sin^2\varepsilon}{2},$$

ce qui donne

$$\nu' = \text{arc sin} = \frac{\sin\varepsilon}{\sqrt{2}} = 16° 20' 57'',6.$$

24. On voit encore que, toutes choses d'ailleurs égales, l'intensité du couple N est proportionnelle au sinus du double de l'obliquité de l'équateur à l'écliptique. Ce couple N serait donc nul si l'on avait $\sin 2\varepsilon = 0$, et, par conséquent, si le Soleil se mouvait, soit dans l'équateur, soit dans le plan d'un méridien quelconque. Il serait à sa valeur *maximum* si l'on avait $\sin 2\varepsilon = 1$, c'est-à-dire si l'écliptique était inclinée de 45 degrés à l'équateur. Enfin il aurait sa valeur *moyenne* si l'on avait $\sin 2\varepsilon = \frac{2}{\pi}$ ou $\varepsilon = \frac{1}{2}$ arc sin $= \frac{2}{\pi}$, c'est-à-dire si l'obliquité ε était de $19° 46' 12'',4$.

25. Si l'on considère maintenant le couple M qui tend à faire tourner la Terre sur le diamètre de l'équateur qui est perpendiculaire à la ligne des nœuds, lequel couple (à cause de $x = r \sin\varepsilon . \sin\varphi$, et de $z = r \cos\varphi$) est exprimé par

$$M = \frac{-3.S.T.c^2.\sin\varepsilon}{2.5.r^3} \cdot \sin 2\varphi,$$

on voit que *ce couple est proportionnel au sinus du double de la longitude* φ *du Soleil.*

Que par conséquent il change quatre fois de signe dans le cours d'une année, savoir : aux *équinoxes* et aux *solstices*, où sa valeur est *nulle*; qu'il est à son *maximum* dans les *octants*, et à sa valeur *moyenne* quand on a $\sin 2\varphi = \frac{2}{\pi}$, ou la longitude $\varphi = \frac{1}{2}$ arc sin $= \frac{2}{\pi} = 19° 46' 12'',4$.

26. Quant à l'intensité du couple M, relativement à l'obliquité plus ou moins grande ε de l'écliptique, on voit que ce couple serait *nul* si ε était ou

nulle, ou de 180 degrés; qu'il serait le plus grand possible si ε était de 90 degrés; et à sa valeur *moyenne* si l'on avait $\varepsilon = \text{arc sin} = \dfrac{2}{\pi}$, c'est-à-dire si l'obliquité ε était de $39° 32' 24''$, 8.

27. On voit enfin que, toutes choses d'ailleurs égales, l'intensité de chacun de ces couples M et N est en raison inverse du cube de la distance du Soleil à la Terre.

Conséquences assez remarquables qu'on peut tirer des formules qui
précèdent.

1. La précession des équinoxes, ou le mouvement instantané $\dfrac{d\psi}{dt}$ de la ligne des nœuds, ne dépend que du rapport des deux couples N et G; le premier N venant de l'attraction du Soleil et de la Lune pour faire tourner la Terre sur cette ligne des nœuds, le second G étant celui dont la Terre est actuellement animée autour de son axe de rotation.

Or la masse T de la Terre, facteur commun de ces deux couples, disparaît de leur rapport N : G; il n'y reste plus de relatif à la Terre que le nombre $\dfrac{c^2}{b^2}$ qui vient uniquement de la figure du sphéroïde aux axes a et b.

2. Si donc, toutes choses d'ailleurs restant les mêmes, la masse de la Terre était changée; et même si son volume venait à s'étendre ou à se réduire, mais en conservant toujours une figure semblable, de manière que le rapport des nouveaux axes a', b' fût le même qu'auparavant, la précession des équinoxes serait exactement la même qu'elle est aujourd'hui.

3. Et je dis que la même chose aurait encore lieu si la Terre, au lieu d'être un sphéroïde *plein*, n'était qu'une simple *couche sphéroïdale* comprise entre deux surfaces semblables.

En effet, si l'on considère un sphéroïde quelconque, on peut le voir comme composé d'un noyau intérieur semblable, et de la couche qui fait la différence de ce noyau au sphéroïde entier; mais on peut voir aussi le système de toutes les forces qui vont du Soleil et de la Lune à toutes les molécules du sphéroïde, comme partagé en deux groupes : le premier, composé des forces qui vont aux molécules du noyau; le second, de celles qui vont aux molécules de la couche. Or, d'après le théorème qui précède, le premier groupe, agissant seul sur le noyau, regardé comme libre, lui donnerait le même mouvement de précession que les deux groupes réunis donnent au sphéroïde entier; donc il faut que le second groupe, agissant sur la couche, soit capable de donner à cette couche le même mouvement précis, afin que cette couche n'agisse point sur le noyau et ne fasse, pour ainsi dire, que le suivre : sans quoi elle troublerait le mouvement de ce noyau et en même temps le sien propre; et les deux groupes réunis ne produiraient pas sur le sphéroïde entier le même mouvement que le seul premier groupe produit sur le noyau supposé libre : ce qui est contraire au théorème démontré.

On peut donc dire que la précession des équinoxes, due à l'action d'un ou de plusieurs centres attractifs, est la même pour une simple couche ou sphéroïde creux, tel qu'on vient de le définir, que pour un sphéroïde plein, de figure semblable et de masse quelconque.

4. Il résulte de là une conséquence digne d'être remarquée : c'est que si l'on regarde la Terre comme formée par la réunion de couches concentriques semblables, et dont chacune soit homogène, la précession des équinoxes sera toujours la même, quelle que soit la variation de densité qu'on veuille supposer, en allant d'une couche à l'autre, et, par conséquent, sera la même que si la Terre était homogène dans toute son étendue.

5. Tout ce qu'on vient de dire sur la précession s'applique à la nutation ; car le mouvement instantané de l'axe terrestre pour se pencher vers le plan de l'écliptique ne dépend que du rapport des deux couples M et G où n'entre point la masse T de la Terre, mais seulement le facteur $\frac{c^2}{b^2}$ qui tient à sa figure. Ainsi ce mouvement de nutation serait toujours le même, quels que fussent la masse de la Terre, son volume, et même la variation de densité de ses couches semblables, pourvu que la figure du sphéroïde fût conservée.

6. De l'expression

$$\frac{d\psi}{dt} = \frac{3.S.c^2.\cos \varepsilon}{2\pi.r^3.2b^2} \cdot \sin^2\varphi,$$

qui donne la vitesse de la ligne des nœuds en vertu de l'action du Soleil, il résulte encore que la *valeur moyenne* de cette vitesse ne dépend pas du mouvement plus ou moins rapide φ de la Terre autour du Soleil. Il semble donc qu'on pourrait dire que si, par exemple, la Terre, au lieu de mettre une année, ne mettait qu'un mois, ou qu'un jour, etc., à faire sa révolution dans son orbite, la précession moyenne des équinoxes serait encore la même qu'aujourd'hui, c'est-à-dire que la ligne des nœuds ne se mouvrait pas plus vite sur le plan de l'écliptique.

On pourrait dire la même chose de la nutation, avec cette différence que ce petit mouvement de l'axe, changeant de signe à chaque quart de la révolution, il s'effacerait plus vite : de telle sorte que si cette révolution était infiniment rapide et se faisait pour ainsi dire en un instant, la nutation de cet axe disparaîtrait, et l'inclinaison de l'équateur à l'écliptique serait *invariable*. Mais remarquez bien ici que, dans la nature, ces conséquences hypothétiques n'auraient pas lieu suivant l'hypothèse même où l'on raisonne. Car, si vous supposez, par exemple, que le mouvement φ de révolution de la Terre devienne *double*, il faudra supposer, pour la retenir dans son orbite actuelle, une force *quadruple*, comme si l'on quadruplait la masse du Soleil; et alors les mouvements $\dfrac{d\psi}{dt}$, $\dfrac{d\nu}{dt}$ dont il s'agit, seraient quatre fois plus grands, et non pas les *mêmes* qu'aujourd'hui.

7. La valeur moyenne du couple N que le Soleil envoie à la Terre pour la faire tourner sur la ligne des nœuds, et d'où résulte la précession des équinoxes, est la même que si la matière du Soleil était répandue en forme d'anneau sur le contour de son orbite annuelle; cet anneau solide, de même masse S que le Soleil, produirait la même précession. Car en imaginant que le Soleil soit partagé en un nombre n de parties égales dS, distribuées uniformément sur le contour de son orbite, de sorte que les longitudes successives de ces parties soient $d\varphi$, $2\,d\varphi$, $3\,d\varphi$, ..., $nd\varphi$, la première partie dS donnerait, autour de la ligne des nœuds, un petit couple exprimé par

$$\frac{3.\,dS.\,T.\,e^{2}.\sin\varepsilon\cos\varepsilon}{5\,r^{3}}\cdot\sin^{2}(d\varphi);$$

la seconde partie donnerait un couple exprimé par

$$\frac{3.\,dS.\,T.\,e^{2}.\sin\varepsilon\cos\varepsilon}{5\,r^{3}}\cdot\sin^{2}(2\,d\varphi);$$

la troisième partie, un couple

$$\frac{3.\,dS.\,T.\,e^{2}.\sin\varepsilon\cos\varepsilon}{5\,r^{3}}\cdot\sin^{2}(3\,d\varphi);$$

et ainsi de suite : d'où, en ajoutant, on aurait pour le couple total dû à l'anneau entier,

$$\frac{3.\,dS.\,T.\,e^{2}.\sin\varepsilon\cos\varepsilon}{5\,r^{3}}\left[\sin^{2}(d\varphi)+\sin^{2}(2\,d\varphi)+\sin^{2}(3\,d\varphi)+\ldots+\sin^{2}(nd\varphi)\right],$$

et, multipliant et divisant à la fois par le nombre total des parties, ce qui ne change rien, on aurait

$$\frac{3.\,nd S.\,T.\,e^{2}.\sin\varepsilon\cos\varepsilon}{5\,r^{3}}\left[\frac{\sin^{2}(d\varphi)+\sin^{2}(2\,d\varphi)+\sin^{2}(3\,d\varphi)+\ldots+\sin^{2}(nd\varphi)}{n}\right],$$

expression où le facteur ndS représente la masse S Soleil, et le facteur qui est sous les parenthèses, la *moyenne valeur* de $\sin^2 \varphi$ depuis $\varphi = 0$ jusqu'à $\varphi = nd\varphi = $ la circonférence entière : ce qui redonne précisément, pour le couple dû à l'attraction de l'anneau, la même valeur qu'on a trouvée pour le couple N dû à l'attraction du Soleil considéré comme un point massif S qui décrit uniformément son orbite autour de la Terre.

8. Quand l'auteur de l'*Exposition du système du Monde* veut donner une explication élémentaire de la cause de la précession des équinoxes, il regarde d'abord comme évident que l'*action moyenne* du Soleil peut être représentée par celle de toute la matière de cet astre, qu'on supposerait uniformément répandue sur la circonférence de son orbe annuel. Cette supposition est loin d'être évidente ; mais on voit ici qu'elle est permise quand il ne s'agit que de la *précession moyenne* des équinoxes. La substitution de l'anneau au Soleil serait tout à fait inexacte s'il s'agissait de la *nutation* de l'axe terrestre, car il est évident que l'anneau n'en produirait aucune.

Quant à l'explication élémentaire que l'auteur donne ensuite de la précession des équinoxes, il faut convenir qu'elle est très-vague et à peu près inintelligible ; et la raison en est qu'elle n'est point tirée du vrai principe qui explique naturellement le phénomène : je veux dire, du principe de la *composition* des deux *couples* qui animent la Terre à chaque instant : l'un fini autour de son axe, l'autre infiniment petit autour de la ligne des nœuds ; d'où résulte qu'au bout d'un instant l'axe de la Terre passe de sa position actuelle, dans la diagonale du rectangle construit sur les deux lignes qui représentent les deux couples : ce qui fait précisément le mouvement de cet axe, et, par conséquent, celui des équinoxes. Mais il est juste de faire ici remarquer que la *notion des Couples* avait échappé jusque-là aux géomètres, et à d'Alembert lui-même.

9. Une autre chose très digne de remarque, c'est que la figure de la Terre n'entre presque pour rien dans le phénomène de la précession des équinoxes. Car, à raison de la grande distance du Soleil à la Terre en comparaison des petites dimensions de ce globe, le couple accélérateur N, que le Soleil lui envoie pour le faire tourner sur la ligne des nœuds, est à très-peu près le même, quelle que soit la figure du corps ; il ne dépend que de la *différence des moments d'inertie*. On peut donc supposer que la Terre soit changée en une infinité de corps, différents de masse et de figure ; pourvu qu'ils aient les mêmes moments principaux d'inertie et la même rotation, le mouvement de précession serait le même qu'aujourd'hui.

On peut dire la même chose de la précession qui est due à l'action de la Lune ; car le rayon de la Terre n'étant que la soixantième partie de la distance r' à la Lune, le couple N' envoyé par la Lune à la Terre a la même valeur à très-peu près que si la Terre était un corps de figure

3.

quelconque doué des mêmes moments d'inertie ; et il en est de même pour la *nutation*.

Ainsi toutes ces considérations de figure de la Terre, de couches plus ou moins denses, etc., n'entrent au fond que pour très-peu de chose dans la mesure de ces phénomènes.

CHAPITRE III.

I.

Quantité de la précession due à la seule action du Soleil.

1. On a trouvé que le couple accélérateur N, qui vient du Soleil pour faire tourner le sphéroïde terrestre sur la ligne des nœuds, est exprimée par

$$N = \frac{3.S.T.e^2 \sin\varepsilon.\cos\varepsilon}{5\,r^3} \sin^2\varphi,$$

expression où la lettre S désigne la masse du Soleil, T celle de la Terre, e^2 le carré de l'excentricité du sphéroïde terrestre, r la distance du Soleil à la Terre, ε l'obliquité de l'écliptique, et φ la longitude ou la distance du Soleil au nœud.

Si l'on cherche la valeur moyenne de $\sin^2\varphi$, c'est-à-dire la moyenne de toutes les valeurs que cette fonction peut avoir depuis $\varphi = 0$ jusqu'à $\varphi = 2\pi$, on trouve qu'elle est $\frac{1}{2}$. La valeur moyenne du couple accélérateur N est donc

$$(1) \qquad N = \frac{3.S.T.e^2 \sin\varepsilon.\cos\varepsilon}{2.5.r^3}.$$

2. Le couple actuel G qui anime le sphéroïde terrestre autour de son axe de révolution est exprimé par $G = \dfrac{T.2\,b^2.\theta}{5}$, θ étant la vitesse angulaire de rotation. Si donc le jour sidéral est pris pour unité de temps, on a $\theta = 2\pi$, et, par conséquent,

$$(2) \qquad G = \frac{T.2\,b^2.2\pi}{5}$$

pour l'expression du couple G qui fait tourner la Terre.

3. Cela posé, imaginons qu'à partir du centre O de la Terre, on porte, sur son axe de rotation, une ligne OG qui représente la grandeur du couple G, et sur la ligne des nœuds, une ligne infiniment petite Oγ qui représente l'effort $N\,dt$ du couple accélérateur N en un instant dt. Si, sur ces deux lignes Oγ et OG, on achève le parallélogramme rectangle, il est clair que la diagonale OG′ sera la direction de l'axe du couple qui anime la Terre au bout d'un instant dt. Or l'angle $d\omega$ que cette diagonale OG′ fait avec le côté OG est évidemment $\dfrac{GG'}{OG}$, et, par conséquent, on a $d\omega = \dfrac{N\,dt}{G}$ pour l'angle dont l'axe de rotation de la Terre s'incline sur lui-même en un instant dt.

Si l'on projette cet angle sur le plan de l'écliptique, et qu'on désigne sa projection par $d\psi$, on aura $d\psi = \dfrac{d\omega}{\sin \varepsilon}$, et, par conséquent,

$$d\psi = \frac{N\,dt}{G \sin \varepsilon}.$$

C'est l'expression de l'angle infiniment petit que décrit en un instant dt la projection de l'axe de la Terre sur le plan de l'écliptique. Or, la ligne des nœuds n'étant autre chose que la perpendiculaire à cette projection, elle décrit exactement le même angle. Donc si l'on considère la vitesse angulaire avec laquelle la ligne des nœuds tourne sur le plan de l'écliptique en vertu du couple accélérateur N, on aura pour cette vitesse angulaire

$$\frac{d\psi}{dt} = \frac{N}{G \sin \varepsilon};$$

ou bien, en mettant dans cette expression, au lieu de N et G, leurs valeurs précédentes, on aura

$$\frac{d\psi}{dt} = \frac{3.S.e'.\cos \varepsilon}{8\pi.r'.b'}$$

pour le mouvement moyen des nœuds, ou la *précession des équinoxes*.

Cette équation donne immédiatement, pour l'angle ψ décrit dans un temps quelconque t,

$$\psi = \frac{3.S.e'.\cos \varepsilon}{8\pi.r'.b'}\, t,$$

si l'on suppose que le temps commence avec l'angle ψ.

En faisant $t = 366,242264$ on aurait la *précession annuelle* due à l'action du Soleil. Si l'on fait simplement $t = 1$, on aura

$$\psi_1 = \frac{3\,S.e'\cos \varepsilon}{8\pi.r^3.b^2},$$

qui sera la précession *diurne*, ou le moyen mouvement des équinoxes en un jour sidéral.

5. Pour évaluer cet arc ψ_1, il n'y a qu'à substituer, au lieu des quantités, $\dfrac{S}{r^3}$, e', $\cos \varepsilon$, r et b', leurs valeurs numériques données à la Table qui termine ce Mémoire. Et l'on trouvera ainsi, pour la valeur de ψ_1, réduite en décimales,

$$\psi_1 = 0,0000002066878.$$

Telle est donc, en parties du rayon 1, la valeur de l'arc ψ_1, décrit en un jour par les équinoxes. Et si l'on convertit cette fraction en degrés, minutes, etc., à raison de 206264'',8062 contenues dans le rayon 1, on aura

$$\psi_1 = 0'',04263 = 2''',6.$$

Ainsi l'on trouve de la manière la plus directe, que *le moyen mouvement des équinoxes, dû à la seule action du Soleil, est de* $2^m \frac{1}{2}$ *environ par jour.*

II.

Quantité de la précession due à l'action de la Lune.

Nous avons trouvé que, pour le Soleil, les deux couples composants N et M qui en proviennent pour faire tourner la Terre, l'un N autour de la ligne des équinoxes, l'autre M autour de la ligne des solstices, sont exprimés par

$$N = \frac{3.S.T.e^2}{5.r^3}.\sin\varepsilon.\cos\varepsilon.\sin^2\varphi,$$

$$M = -\frac{3.S.T.e^2}{5.r^3}.\sin\varepsilon.\sin\varphi.\cos\varphi.$$

6. On aura donc de même, pour les deux couples N′ et M′ qui viennent de la Lune L pour faire tourner la Terre, l'un N′ sur la ligne des nœuds de l'orbe lunaire avec l'équateur, l'autre M′ sur le diamètre perpendiculaire à cette ligne,

$$N' = \frac{3.L.T.e^2}{5.r'^3} \cdot \sin\varepsilon'.\cos\varepsilon'.\sin^2\varphi',$$

$$M' = -\frac{3.L.T.e^2}{5.r'^3} \cdot \sin\varepsilon'.\sin\varphi'.\cos\varphi'.$$

Expressions où ε' désigne l'inclinaison variable de l'équateur à l'orbe lunaire, et φ' la distance de la Lune à son nœud N′ sur cet orbe.

7. Le premier couple N′, s'il agissait seul, donnerait lieu au mouvement de la ligne ON′ sur le plan de l'orbe lunaire, et le second M′ donnerait lieu à la nutation de l'axe terrestre vers le plan de cet orbe.

Mais, comme on cherche ici, non pas la précession de la ligne ON′ sur le plan de l'orbe lunaire, mais bien la précession de la ligne ON des équinoxes sur le plan de l'écliptique, il faut considérer, non pas le couple N qui vient de la Lune pour faire tourner sur ON′, mais bien le couple $\bar{N}$ qui en provient pour faire tourner sur ON. Or, en nommant ω l'inclinaison de ON′ à ON, il est évident qu'on a, pour la grandeur de ce couple $\bar{N}$, la somme des deux autres N′ et M′ projetés sur la ligne ON ; ce qui donne

$$\bar{N} = N'\cos\omega + M'\sin\omega.$$

8. La Lune L envoie donc à la Terre pour la faire tourner sur le diamètre de l'équateur, qui fait la ligne des équinoxes, le couple $\bar{N}$ exprimé par

$$\bar{N} = \frac{3.L.T.e^2}{5.r'^3}(\sin\varepsilon'.\cos\varepsilon'.\sin^2\varphi'.\cos\omega - \sin\varepsilon'.\sin\varphi'.\cos\varphi'.\sin\omega);$$

or on a, pour la précession $\dfrac{d\bar{\psi}}{dt}$ due à ce couple,

$$\frac{d\bar{\psi}}{dt} = \frac{\overline{N}}{G \sin \varepsilon},$$

ε étant l'inclinaison de l'équateur à l'écliptique. On aura donc, en mettant pour $\overline{N}$ son expression précédente, et pour G sa valeur

$$G = \frac{2\pi . 2 b^2 . T}{5},$$

$$\frac{d\bar{\psi}}{dt} = \frac{3 L . e^2}{4\pi \, b^2 . r'^3 . \sin \varepsilon} (\sin \varepsilon' . \cos \varepsilon' . \sin^2 \gamma' . \cos \omega - \sin \varepsilon' . \sin \gamma' . \cos \gamma' . \sin \omega),$$

équation où ε' marque l'inclinaison variable de l'orbe lunaire à l'équateur; γ' l'arc décrit par la Lune dans son orbe à partir du nœud N′ où elle traverse l'équateur, et ω la distance angulaire de ce point N′ au nœud N de l'équinoxe.

9. Actuellement, si l'on considère le nœud n de l'orbe lunaire sur le plan de l'écliptique, ce nœud avec les deux autres N et N′ forme un triangle sphérique N N′n, dont l'angle N est l'inclinaison ε de l'équateur à l'écliptique, inclinaison à peu près constante et de 23° 27′ environ, l'angle n est l'inclinaison α de l'orbe lunaire sur le plan de l'écliptique, angle à peu près constant et de 5° 9′ environ, et enfin l'angle N′ est le supplément de l'inclinaison variable ε' de l'orbe lunaire sur le plan de l'équateur. Dans ce triangle, ω étant le côté opposé à l'angle $n = \alpha$, si l'on nomme λ le côté opposé à l'angle N′, lequel côté λ sera la longitude n N du nœud de l'orbe lunaire, on aura (en observant que $\cos$ N′ revient à $- \cos \varepsilon'$),

$$\sin \omega = \frac{\sin \alpha . \sin \lambda}{\sin \varepsilon'}$$

$$\cos \omega = \frac{\cos \alpha - \cos \varepsilon . \cos \varepsilon'}{\sin \varepsilon . \sin \varepsilon'}$$

$$\cos \varepsilon' = \cos \alpha . \cos \varepsilon - \sin \alpha . \sin \varepsilon . \cos \lambda.$$

Si donc on substitue ces valeurs, et qu'on fasse, pour abréger,

$$\frac{3 . L . e^2}{4\pi \, b^2 . r'^3 . \sin \varepsilon} = C,$$

on aura

$$(1) \qquad \frac{d\bar{\psi}}{dt} = \frac{C}{2} \left(\begin{array}{l} \cos^2 \alpha . \sin 2\varepsilon . \sin^2 \gamma' + \sin 2\alpha . \cos 2\varepsilon . \sin^2 \gamma' . \cos \lambda \\ - \sin^2 \alpha . \sin 2\varepsilon . \sin^2 \gamma' \cos^2 \lambda - \sin \alpha . \sin 2\gamma' . \sin \lambda \end{array} \right);$$

ou bien, en développant les carrés et produits de sinus et de cosinus des arcs variables φ' et λ, en cosinus simples de sommes ou différences de ces arcs,

$$(2)\quad \frac{d\bar\psi}{dt} = \frac{C}{4}\left\{ \begin{array}{l} \cos^2\alpha.\sin 2\varepsilon\,(1 - \cos 2\varphi') \\[4pt] + \dfrac{\sin 2\alpha.\cos 2\varepsilon}{2}\left[2\cos\lambda - \cos(2\varphi'+\lambda) - \cos(2\varphi'-\lambda)\right] \\[6pt] - \dfrac{\sin^2\lambda.\sin 2\varepsilon}{4}\left[\begin{array}{l}2 - 2\cos 2\varphi' + 2\cos 2\lambda - \cos 2(\varphi'+\lambda) \\ - \cos 2(\varphi'-\lambda)\end{array}\right] \\[10pt] - \sin\lambda\left[\cos(2\varphi'-\lambda) - \cos(2\varphi'+\lambda)\right]. \end{array}\right.$$

Actuellement, si l'on suppose que le mouvement φ' de la Lune dans son orbe, et le mouvement rétrograde λ des nœuds de cet orbe sur l'écliptique soient uniformes, on aura, pour les moyens mouvements φ' et λ,

$$\varphi' = mt \quad \text{et} \quad \lambda = nt,$$

où les deux nombres m et n seront

$$m = \frac{2\pi}{27^{\text{jmoy}},321}, \qquad n = \frac{2\pi}{6788^{\text{jmoy}},5}.$$

Substituant donc, au lieu de φ et λ, ces valeurs, on aura :

$$(3)\quad \frac{d\bar\psi}{dt} = \frac{C}{4}\left\{ \begin{array}{l} \sin 2\varepsilon\left(1 - \dfrac{3}{2}\sin^2\alpha\right) + \sin 2\alpha.\cos 2\varepsilon.\cos nt \\[8pt] \qquad - \dfrac{\sin^2\alpha.\sin 2\varepsilon}{2}\cdot\cos 2nt \\[8pt] \qquad + \dfrac{\sin^2\alpha.\sin 2\varepsilon}{2}\cdot\cos 2mt \\[8pt] + \left(\sin\alpha - \dfrac{\sin 2\alpha.\cos 2\varepsilon}{2}\right)\cdot\cos(2m+n)t \\[8pt] - \left(\sin\alpha + \dfrac{\sin 2\alpha.\cos 2\varepsilon}{2}\right)\cdot\cos(2m+n)t \\[8pt] + \dfrac{\sin^2\alpha.\sin 2\varepsilon}{4}\cdot\cos 2(m+n)t \\[8pt] + \dfrac{\sin^2\alpha.\sin 2\varepsilon}{4}\cdot\cos 2(m-n)t. \end{array}\right.$$

10. Intégrant cette équation, et faisant commencer l'intégrale avec le temps t, ce qui rendra nulle la constante arbitraire, on aura

$$\bar\psi = \frac{C}{4}\sin 2\varepsilon\left(1 - \frac{3}{2}\sin^2\alpha\right)t,$$ plus une suite de termes périodiques de la forme

$$k\sin 2\pi.n't,\quad k'\sin 2\pi.2n't,\quad k''\sin 2\pi.2m't,\quad k'''\sin 2\pi.(2m'+n')t,\ \text{etc.},$$

où m' et n' sont $\dfrac{1}{27^{\text{j\,m}},321}$ et $\dfrac{1}{6788^{\text{jm}},5}$

Si l'on suppose les deux fractions m' et n' réduites à un même dénominateur entier D, on aura donc

$$\bar{\psi} = \frac{C}{4} \sin 2\varepsilon \left(1 - \frac{3}{2} \sin^2 \alpha \right) t,$$ plus une suite de termes de la forme

$$k \sin 2\pi . \frac{i}{D} t, \quad k' \sin^2 \pi . \frac{i'}{D} t, \quad k'' \sin 2\pi . \frac{i''}{D} t, \quad k''' \sin 2\pi . \frac{i'''}{D} t, \text{ etc.,}$$

où i, i', i'', i''', etc., seront tous des nombres entiers.

Donc, si l'on étend l'intégrale jusqu'au temps $t = D$, toute cette suite de termes deviendra nulle, et l'on aura simplement pour l'angle $\bar{\psi}$ décrit au bout d'un nombre de jours marqués par D,

$$\bar{\psi} = \frac{C}{4} \sin 2\varepsilon \left(1 - \frac{3}{2} \sin^2 \alpha \right) D,$$

d'où, en divisant par D, pour avoir l'arc moyen ψ_1 décrit en un jour, et mettant au lieu de C sa valeur, on tire

$$\psi_1 = \frac{3 . L . e' . \cos \varepsilon}{4 \pi r'^2 . 2 b^2} \left(1 - \frac{3}{2} \sin^2 \alpha \right).$$

Cette quantité est, comme on voit, composée de deux parties : la première positive, et qui est exactement la même que si la Lune se mouvait dans le plan de l'écliptique ; la seconde négative, et qui diminue, par conséquent, la première de la fraction $\frac{3}{2} \sin^2 \alpha$ de sa valeur (α étant l'inclinaison de l'orbe lunaire au plan de l'écliptique).

En prenant $\alpha = 5° 9'$, on trouve

$$\frac{3}{2} \sin^2 \alpha = 0,0120863,$$

et, par conséquent, on a pour le second facteur $\left(1 - \frac{3}{2} \sin^2 \alpha \right)$ de ψ_1,

$$\left(1 - \frac{3}{2} \sin^2 \alpha \right) = 0,9879138.$$

D'un autre côté, en prenant pour la masse L de la Lune $\frac{1}{88}$ de T, on trouve, pour la valeur du premier coefficient de ψ,

$$\frac{3 . L . e' \cos \varepsilon}{4 \pi . r'^2 . 2 b^2} = 0,0000004669349 ;$$

d'où, en faisant le produit de cette fraction par la précédente, on tire pour la valeur de ψ_1 en partie du rayon,

$$\psi_1 = 0,00000046075$$

et, par conséquent, en degrés, minutes, etc.,

$$\psi_1 = 0'',095037$$

par jour sidéral.

Cette précession des équinoxes ψ_1, due à la seule action de la Lune, serait donc, pour une année tropique, de $0'',095037 \times 366,242264$, ou de

$$34'',8.$$

Or on a trouvé plus haut, pour la précession ψ qui est due à la seule action du Soleil, $0'',04263$ par jour, et par conséquent,

$$15'',6$$

par année tropique.

On aura donc, pour la précession totale due aux actions réunies du Soleil et de la Lune, la somme

$$15'',6 + 34'',8 = 50'',4 ;$$

ce qui s'approche de l'observation, de bien plus près qu'on n'aurait pu l'espérer d'après une théorie et des calculs si simples : car on y regarde comme n'en formant qu'un seul les trois axes distincts OI, OG et OA; on y suppose que les mouvements φ et φ' des deux astres sont circulaires et uniformes, ainsi que le mouvement rétrograde λ des nœuds de la Lune. On y regarde enfin la Terre T comme pouvant être un corps de figure et de constitution quelconque, pourvu que ses dimensions comparées aux distances r et r' soient des fractions assez petites pour qu'on en puisse négliger toutes les puissances d'un ordre supérieur au second.

III.

Nutation de l'axe de la Terre due à la seule action du Soleil.

11. Considérons maintenant le couple accélérateur M qui vient du Soleil pour faire tourner la Terre sur l'axe Oy, diamètre de l'équateur, qui est perpendiculaire à la ligne Oz des nœuds, et qu'on pourrait nommer la *ligne des solstices.*

On a trouvé pour l'intensité du couple M,

$$M = (B - A)\, xz;$$

or on a $z = r \cos\varphi$ et $x = \sin\varepsilon . r \sin\varphi$, ε étant l'obliquité de l'écliptique, et φ la longitude du Soleil.

On a trouvé d'ailleurs, pour le coefficient $(B - A)$, la valeur très-approchée

$$B - A = -\frac{3.S.T.c'}{5r'} :$$

on a donc, en substituant ces valeurs,

$$M = - \frac{3.S.T.c^2 \sin \varepsilon}{2.5.r^3} \cdot \sin 2\varphi.$$

On voit d'abord par là que ce couple M conserve le même signe depuis l'équinoxe où $\varphi = 0$ jusqu'au solstice où $\varphi = \frac{\pi}{2}$; après quoi il prend le signe contraire, et le conserve depuis le solstice jusqu'à l'équinoxe suivant, et ainsi de suite. De sorte que ce couple agit pendant trois mois pour faire tourner l'équateur sur le diamètre des solstices, et pendant trois mois pour le faire tourner en sens contraire : différent en cela du couple N qui agit toujours dans le même sens autour de la ligne des nœuds.

12. Cela posé, j'imagine qu'à partir de centre O de la Terre, on porte sur l'axe Oy une ligne infiniment petite $O\mu$ qui représente l'effort $M\,dt$ du couple accélérateur M en un instant dt, et sur l'axe Ox de la rotation de la Terre une ligne finie OG qui représente le couple G dont la Terre est actuellement animée, couple dont la valeur est, en prenant le jour sidéral pour unité,

$$G = \frac{2\pi.2b^2 T}{5}.$$

Si, sur ces deux lignes $O\mu$ et OG, on achève le parallélogramme rectangle, il est clair que la diagonale OG' sera la direction de l'axe du couple qui animera la Terre au bout d'un instant dt. L'angle infiniment petit que cette diagonale OG' fait avec le côté OG sera donc l'accroissement ou le décroissement instantané $d\varepsilon$ de l'inclinaison actuelle ε de l'axe de la Terre sur l'axe de l'écliptique, ou ce qu'on appelle la *nutation*. Or cet angle $d\varepsilon$ est évidemment exprimé par $\frac{M\,dt}{G}$, d'où, en substituant pour M et G leurs valeurs, on tire

$$d\varepsilon = - \frac{3S.c^2.\sin\varepsilon.\sin 2\varphi}{4\pi r^3.2b^2}\,dt,$$

ou bien, en divisant de part et d'autre par $\sin\varepsilon$, et mettant au lieu de φ sa valeur $\varphi = \frac{2\pi t}{366,242264}$,

$$\frac{d\varepsilon}{\sin\varepsilon} = - \frac{3S.c^2}{4\pi r^3.2b^2} \cdot \sin\frac{4\pi t}{366,242264}\,dt.$$

Si l'on fait, pour abréger,

$$\frac{4\pi}{366,242264} = i, \quad \text{et} \quad \frac{3S.c^2}{4\pi r^3.2b^2} = K',$$

on aura donc l'équation

$$\frac{d\varepsilon}{\sin \varepsilon} = - \mathrm{K}^{2} \sin it \; dt,$$

laquelle, étant intégrée, donne

$$l.\tan g \frac{1}{2} \varepsilon = \frac{\mathrm{K}^{2}}{i} \cos it + const.,$$

l désignant les logarithmes de Néper.

13. Pour déterminer la constante, supposons qu'à l'équinoxe où l'on a $t = o$, l'obliquité ε de l'écliptique soit $\bar{\varepsilon}$, on aura

$$l.\tan g \frac{1}{2} \bar{\varepsilon} = \frac{\mathrm{K}^{2}}{i} + const.,$$

d'où, en tirant la valeur de cette constante pour la substituer dans l'intégrale qui précède, on conclut l'équation

$$l \frac{\tan g \dfrac{1}{2} \varepsilon}{\tan g \dfrac{1}{2} \bar{\varepsilon}} = \frac{\mathrm{K}^{2}}{i} \left(\cos it - 1 \right)$$

pour la détermination complète de ε en fonction du temps t.

14. Si dans cette équation on fait $t = \frac{1}{4} \cdot 366{,}242264$, il vient

$$\cos it = \cos \pi = - 1$$

et

$$l \tan g \frac{1}{2} \varepsilon = l.\tan g \frac{1}{2} \bar{\varepsilon} - \frac{\mathrm{K}^{2}.366{,}242264}{2\,\pi}.$$

On voit par là qu'au bout de trois mois, à partir de l'équinoxe, l'inclinaison aura diminué depuis $\bar{\varepsilon}$ jusqu'à la valeur ε qu'on déterminera par cette équation : de sorte que la différence $\bar{\varepsilon} - \varepsilon$ sera la quantité angulaire dont l'axe terrestre se sera abaissé en trois mois vers l'axe de l'écliptique.

Trois mois après, c'est-à-dire quand on aura $t = \frac{1}{2} \cdot 366{,}242264$, il viendra $\cos it = \cos 2\pi = 1$, et, par conséquent,

$$l.\tan g \frac{1}{2} \varepsilon = l.\tan g \frac{1}{2} \bar{\varepsilon},$$

ou

$$\varepsilon = \bar{\varepsilon}.$$

D'où l'on voit que, du solstice à l'équinoxe suivant, l'axe de la Terre se sera relevé à la même place qu'au premier équinoxe d'où l'on était parti, et ainsi de suite de trimestre en trimestre : de sorte que l'axe de la Terre se penchera et se relèvera alternativement d'un même angle, deux fois dans l'espace d'une année; et c'est dans cette oscillation semestrielle de l'axe que consiste la nutation particulière qui est due à l'action du Soleil.

15. La quantité de cette nutation, c'est-à-dire l'angle $\bar\varepsilon - \varepsilon$ dans lequel l'axe de la Terre se balance ainsi, est d'une très-petite étendue. Si l'on en veut avoir la mesure, on n'aura qu'à substituer dans l'équation

$$l.\tan\tfrac{1}{2}\varepsilon = l.\tan\tfrac{1}{2}\bar\varepsilon - \frac{K^2 . 366,242264}{2\pi},$$

au lieu de K^2, sa valeur $0,0000022253107$, et au lieu $\bar\varepsilon$ sa valeur observée à l'équinoxe, que je suppose, par exemple, être de $23^\circ 27'32'',04$, et l'on trouvera, pour l'angle ε,

$$\varepsilon = 23^\circ 27'30'',96,$$

d'où résulte, pour l'angle ν_1,

$$\nu_1 = \bar\varepsilon - \varepsilon = 1'',08.$$

16. Au reste, ou aurait pu trouver avec moins de calcul et d'une manière aussi approchée la quantité $\bar\varepsilon - \varepsilon$ de cette nutation semestrielle due à l'action du Soleil. Car en faisant $\bar\varepsilon - \varepsilon = \nu$, d'où résulte $\varepsilon = \bar\varepsilon - \nu$, et $d\varepsilon = - d\nu$, et substituant dans l'équation $\dfrac{d\varepsilon}{dt} = - K^2 \sin\varepsilon . \sin it$, on aurait

$$\frac{d\nu}{dt} = K^2 \sin(\bar\varepsilon - \nu) . \sin it.$$

Et regardant ν comme un arc très-petit dont le sinus peut être pris pour l'arc lui-même, et le cosinus pour le rayon 1, ce qui donne

$$\sin(\bar\varepsilon - \nu) = \sin\bar\varepsilon - \nu\cos\bar\varepsilon,$$

on aurait l'équation

$$\frac{d\nu}{\sin\bar\varepsilon - \nu\cos\bar\varepsilon} = K^2 . \sin it . dt;$$

d'où, en intégrant, et déterminant la constante de manière que l'on ait $\nu = 0$ quand $t = 0$, on tire

$$l(1 - \nu\cot\bar\varepsilon) = \frac{K^2 \cos\bar\varepsilon}{i}(\cos it - 1);$$

et, par conséquent, pour la valeur de ν, quand $t = \tfrac{1}{4} . 366,242264$,

$$\nu = 0,0000052,$$

valeur qui, réduite en degrés, minutes, secondes, etc., donne

$$\nu = 1'',07,$$

et s'accorde très-bien avec la précédente.

Nutation de l'axe terrestre due à l'action de la Lune.

17. Si l'on projette les deux couples N' et M' (6) sur le diamètre OM qui est perpendiculaire à la ligne ON des nœuds, on aura pour le couple $\overline{M}$ qui vient de la Lune pour faire tourner la Terre sur ce diamètre, l'expression

$$\overline{M} = N' \sin \omega + M' \cos \omega,$$

ou, à cause des valeurs de M' et N',

$$\overline{M} = \frac{3\,L.T.c^2}{5\,r'^3} (\sin \epsilon'.\cos \epsilon'.\sin^2 \varphi'.\sin \omega - \sin \epsilon'.\sin \varphi'.\cos \varphi'.\cos \omega).$$

Mettant au lieu de $\sin \omega$, $\cos \omega$ leurs valeurs (9), il vient

$$\overline{M} = \frac{3\,L.T.c^2}{5\,r'^3} \left(\sin \alpha.\cos \epsilon'.\sin^2 \varphi'.\sin \lambda - \frac{\cos \alpha.\sin \varphi'.\cos \varphi'}{\sin \epsilon} \right.$$
$$\left. + \frac{\cos \epsilon.\cos \epsilon''.\sin \varphi.\cos \varphi'}{\sin \epsilon} \right),$$

et remplaçant $\cos \epsilon'$ par sa valeur (9), on a

$$\overline{M} = \frac{3\,L.T.c^2}{5\,r'^3} \left(\sin \alpha.\cos \alpha.\cos \epsilon.\sin^2 \varphi'.\sin \lambda - \sin^2 \alpha.\sin \epsilon.\sin^2 \varphi'.\sin \lambda.\cos \lambda \right.$$
$$- \frac{\cos \alpha.\sin \varphi'.\cos \varphi'}{\sin \epsilon} + \frac{\cos \alpha.\cos^2 \epsilon.\sin \varphi'.\cos \varphi'}{\sin \epsilon}$$
$$\left. - \sin \alpha.\cos \epsilon.\sin \varphi'.\cos \varphi'.\cos \lambda \right),$$

ou bien,

$$\overline{M} = \frac{3\,L.T.c^2}{5\,r'^3} \left(\frac{1}{2} \sin 2\alpha.\cos \epsilon.\sin \lambda \cdot \frac{1 - \cos 2\varphi'}{2} \right.$$
$$- \frac{1}{2} \sin^2 \alpha.\sin \epsilon.\sin 2\lambda \cdot \frac{1 - \cos 2\varphi'}{2} - \frac{\cos \alpha.\sin 2\varphi'}{2 \sin \epsilon}$$
$$\left. + \frac{\cos \alpha.\cos^2 \epsilon.\sin 2\varphi'}{2 \sin \epsilon} - \frac{1}{2} \sin \alpha.\cos \epsilon.\sin 2\varphi'.\cos \lambda \right),$$

ou enfin,

$$\overline{M} = \frac{3\,L.T.c^2}{5\,r'^3} \left(\frac{1}{2} \sin 2\alpha.\cos \epsilon.\sin \lambda - \frac{1}{2} \sin 2\alpha.\cos \epsilon.\cos 2\varphi'.\sin \lambda \right.$$
$$- \frac{1}{2} \sin^2 \alpha.\sin \epsilon.\sin 2\lambda + \frac{1}{2} \sin^2 \alpha.\sin \epsilon.\cos 2\varphi'.\sin 2\lambda$$
$$\left. - \cos \alpha.\sin \epsilon.\sin 2\varphi' - \sin \alpha.\cos \epsilon.\sin 2\varphi'.\cos \lambda \right).$$

18. Or maintenant, si l'on désigne par $d\nu$ la nutation, c'est-à-dire le petit angle $d\nu$ que l'axe terrestre tend à décrire dans son plan de projection sur l'écliptique, en vertu du couple $\overline{M}$, on a évidemment l'équation

$$d\nu = \frac{\overline{M}.dt}{G},$$

où il n'y a plus qu'à substituer à la place de $\overline{M}$ et de G leurs valeurs précédentes, ce qui donne l'équation

$$\frac{d\nu}{dt} = \frac{3\,L.T.c^2}{4\,\pi\,r'^3.2\,b^2}\left(\frac{1}{2}\sin 2\alpha.\cos\varepsilon.\sin\lambda - \frac{1}{2}\sin 2\alpha.\cos\varepsilon.\cos 2\varphi'.\sin\lambda\right.$$

$$- \frac{1}{2}\sin^2\alpha.\sin\varepsilon.\sin 2\lambda + \frac{1}{2}\sin^2\alpha.\sin\varepsilon.\cos 2\varphi'.\sin 2\lambda$$

$$\left. - \cos\alpha.\sin\varepsilon.\sin 2\varphi' - \sin\alpha.\cos\varepsilon.\sin 2\varphi'.\cos\lambda\right).$$

Si l'on pose ensuite

$$\varphi' = \frac{2\,\pi\,t}{27^{\mathrm{jm}},321} = mt,$$

$$\lambda = \frac{2\,\pi\,t}{6788^{\mathrm{jm}},5} = nt,$$

et qu'on fasse, pour abréger,

$$\frac{3\,L.c^2}{4\,\pi\,r'^3.2\,b^2} = K'',$$

on aura donc

$$\frac{d\nu}{dt} = K''\left(\frac{1}{2}\sin 2\alpha.\cos\varepsilon.\sin nt - \frac{1}{2}\sin 2\alpha.\cos\varepsilon.\cos 2mt.\sin nt\right.$$

$$- \frac{1}{2}\sin^2\alpha.\sin\varepsilon.\sin 2nt + \frac{1}{2}\sin^2\alpha.\sin\varepsilon.\cos 2mt.\sin 2nt$$

$$\left. - \cos\alpha.\sin\varepsilon.\sin 2mt - \sin\alpha.\cos\varepsilon.\sin 2mt.\cos nt\right),$$

ou, en remplaçant les produits de sinus et cosinus par des sommes,

$$\frac{d\nu}{dt} = K''\left[\frac{1}{2}\sin 2\alpha.\cos\varepsilon.\sin nt - \frac{1}{4}\sin 2\alpha.\cos\varepsilon.\sin(2m+n)t\right.$$

$$+ \frac{1}{4}\sin 2\alpha.\cos\varepsilon.\sin(2m-n)t - \frac{1}{2}\sin^2\alpha.\sin\varepsilon.\sin 2nt$$

$$+ \frac{1}{4}\sin^2\alpha.\sin\varepsilon.\sin(2m+2n)t - \frac{1}{4}\sin^2\alpha.\sin\varepsilon.\sin(2m-2n)t$$

$$- \cos\alpha.\sin\varepsilon.\sin 2mt - \frac{1}{2}\sin\alpha.\cos\varepsilon.\sin(2m+n)t$$

$$\left. - \frac{1}{2}\sin\alpha.\cos\varepsilon.\sin(2m-n)t\right].$$

D'où, en intégrant, et faisant commencer l'intégrale à l'époque où le nœud ascendant de la Lune coïncide avec le nœud ascendant du Soleil, on tire

$$
\begin{aligned}
v = \mathrm{K}'^2 \Bigg[& -\frac{1}{2n}\sin 2\alpha.\cos\varepsilon.\cos mt + \frac{1}{4(2m+n)}\sin 2\alpha.\cos\varepsilon.\cos(2m+n)t \\
& -\frac{1}{4(2m-n)}\sin 2\alpha.\cos\varepsilon.\cos(2m-n)t \\
& +\frac{1}{4n}\sin^2\alpha.\sin\varepsilon\;\cos 2mt \\
& -\frac{1}{8(m+n)}\sin^2\alpha.\sin\varepsilon.\cos(2m+2n)t \\
& +\frac{1}{8(m-n)}\sin^2\alpha.\sin\varepsilon.\cos(2m-2n)t \\
& +\frac{1}{2m}\cos\alpha.\sin\varepsilon.\cos 2mt + \frac{1}{2(m+n)}\sin\alpha.\cos\varepsilon.\cos(2m+n)t \\
& +\frac{1}{2(2m-n)}\sin\alpha.\cos\varepsilon.\cos(2m-n)t \Bigg],
\end{aligned}
$$

ou bien, en réduisant,

$$
\begin{aligned}
v = \mathrm{K}'^2 \Bigg[& \frac{1}{n}\sin 2\alpha.\cos\varepsilon.\sin^2\frac{n}{2}t - \frac{1}{2(2m+n)}\sin 2\alpha.\cos\varepsilon.\sin^2\frac{2m+n}{2}t \\
& +\frac{1}{2(2m-n)}\sin 2\alpha.\cos\varepsilon.\sin^2\frac{2m-n}{2}t - \frac{1}{2n}\sin^2\alpha.\sin\varepsilon.\sin^2 mt \\
& +\frac{1}{4(m+n)}\sin^2\alpha.\sin\varepsilon.\sin^2(m+n)t \\
& -\frac{1}{4(m-n)}\sin^2\alpha.\sin\varepsilon.\sin^2(m-n)t \\
& -\frac{1}{m}\cos\alpha.\sin\varepsilon.\sin^2 mt - \frac{1}{2(m+n)}\sin\alpha.\cos\varepsilon.\sin^2\frac{2m+n}{2}t \\
& -\frac{1}{2m-n}\sin\alpha.\cos\varepsilon.\sin^2\frac{2m-n}{2}t \Bigg].
\end{aligned}
$$

19. Actuellement, si l'on fait $t = \dfrac{\pi}{n}$, ce qui répond à $t = 9$ ans $\frac{1}{4}$, c'est-à-dire, à peu près, au temps d'une demi-révolution des nœuds de la Lune, on trouvera d'abord

$$
v = \mathrm{K}'^2 \Bigg[\frac{1}{n}\sin 2\alpha.\cos\varepsilon - \cos^2\left(\frac{m\pi}{n}\right).\frac{\cos\varepsilon}{4m^2-n^2}(4m.\sin\alpha - n\sin 2\alpha) \\
- \sin^2\left(\frac{m\pi}{n}\right).\sin\varepsilon.\left(\frac{n}{2(m^2-n^2)}\sin^2\alpha + \frac{\cos\alpha}{m}\right) \Bigg];
$$

et enfin, en réduisant tout en secondes, on aura

$$\bar{\nu} = 16'',9$$

pour la valeur de la nutation produite en 9 ans $\frac{1}{4}$ par l'action particulière de la Lune.

20. Il est clair qu'à cette nutation de 16'',9, qui vient de la Lune, on doit naturellement ajouter celle qui serait venue au bout du *même temps* par l'action du Soleil. Or celle-ci, dont la période n'est que de six mois, a évidemment la même valeur pour neuf ans et un quart que pour un seul quart d'année ; et nous avons trouvé plus haut que cette valeur est, à peu près, de 1'',08. Ajoutant donc ce petit angle au précédent, on aura, pour l'inclinaison, ou la nutation totale $\bar{\nu}$, produite dans l'axe terrestre par les actions réunies de la Lune et du Soleil,

$$\bar{\nu} = 18'' \text{ environ,}$$

c'est-à-dire qu'au bout de 9 ans $\frac{1}{4}$, à partir d'une de ces époques où le nœud ascendant de la Lune coïncide avec le nœud ascendant du Soleil, l'axe terrestre aura décrit un angle de 18'' : après quoi, je veux dire dans les 9 ans $\frac{1}{4}$ qui suivent, tout se passant en sens contraire, l'axe aura repris son inclinaison primitive sur l'écliptique. Résultat qui s'accorde de la manière la plus remarquable avec l'observation, et ne paraît laisser rien à désirer.

21. Toutefois, il me semble qu'il y aurait encore quelque chose à dire, non pas sur la quantité, mais sur la nature de ce petit mouvement, que l'axe de la Terre exécute en réalité sous le phénomène sensible de la nutation : mouvement assez compliqué, dont l'observation ne peut saisir les détails, et que, par conséquent, la théorie doit examiner de plus près, afin d'en donner une idée plus claire et plus précise ; et c'est ce que je vais tâcher de faire le plus brièvement possible dans le paragraphe suivant.

IV.

Sur la nature du mouvement de l'axe terrestre dans le phénomène de la nutation.

22. Il n'y a point de nuage sur cette petite nutation sémestrielle qui vient de l'action du Soleil. C'est une *oscillation* pure et simple de l'axe terrestre qui, à partir de l'équinoxe du printemps, s'abaisse pendant trois mois vers le solstice d'hiver, d'un angle de 1'',08, et se relève d'un angle égal pendant les trois mois qui suivent. On voit avec clarté la cause de ce mouvement dans le couple accélérateur M qui vient du Soleil à la Terre, et qui change de signe à chaque *quart* de la révolution de cet astre dans son orbite annuelle.

Mais il n'en est pas de même de la nutation due à l'action de la Lune, oscillation singulière qui se fait dans un petit angle de 17 secondes environ, et ne s'accomplit que dans une longue période, qui se trouve être la même que celle de la révolution des *nœuds* de la Lune sur le plan de l'écliptique; c'est-à-dire dans un intervalle d'à peu près 18 ans $\frac{1}{2}$. On ne voit pas bien dans le couple accélérateur $\overline{M}$, que la Lune envoie à la Terre, la cause directe capable de produire cette lente oscillation de l'axe terrestre, parce qu'il semble qu'un tel couple ne devrait naturellement changer de signe qu'à chaque demi-révolution des nœuds de la Lune.

Il faut donc étudier de nouveau ce couple accélérateur $\overline{M}$ qui vient de la Lune, dont l'effort $\overline{M}\,dt$, à chaque instant dt, tend à faire tourner la Terre sur le diamètre de l'équateur, qui est dirigé vers les *solstices;* il faut suivre, pour ainsi dire, pas à pas ce mouvement ν, dont l'expression différentielle est évidemment

$$d\nu = \frac{\overline{M}\,dt}{G}.$$

23. Or, en conservant toutes les dénominations précédentes et faisant, pour abréger, la constante $\dfrac{3.\mathrm{L}.\mathrm{T}.c^2}{2.5.r'^3} = \mathrm{C}'$, nous avons trouvé, pour l'expression du couple $\overline{M}$,

$$\overline{M} = \mathrm{M}'\cos\omega + \mathrm{N}'\sin\omega,$$

où l'on voit que ce couple est composé de deux autres, tous deux de même axe et de même sens, et dont on peut ainsi examiner à part et ajouter les effets.

On a donc, en mettant, au lieu de M' et N' leurs valeurs (6), ces deux couples :

(1) $\qquad\qquad \mathrm{M}'\cos\omega = -\,\mathrm{C}'.\sin 2\varphi'.\sin\varepsilon'.\cos\omega,$

(2) $\qquad\qquad \mathrm{N}'\sin\omega = -\,\mathrm{C}'.\sin^2\varphi'.\sin 2\varepsilon'.\sin\omega.$

24. Considérons d'abord le premier couple composant M' cos ω.

Nous voyons que ce couple, à raison de son premier facteur sin 2 φ', *change de signe* à chaque *quart* de la révolution φ' de la Lune dans son orbite mensuelle; et nous voyons de plus qu'il conserve cette propriété dans tout le cours du temps : car le second facteur sin ε' reste toujours *positif*, parce que l'angle ε' ne peut s'étendre que de 28° $\frac{1}{2}$ à 18° $\frac{1}{2}$; et il en est de même du dernier facteur cos ω, qui reste aussi toujours *positif*, parce que l'angle ω ne peut aller au delà de $\pm$ 6° $\frac{1}{2}$ environ, à gauche et à droite de la ligne des équinoxes.

Voilà donc un premier couple, M' cos ω, qui change de signe de *semaine* en *semaine*, et qui, par conséquent, doit produire sur l'axe terrestre une suite de petites oscillations *semi-mensuelles*, c'est-à-dire dont la période n'est, pour chacune, que d'un demi-mois lunaire. Or chacun de ces petits mouvements hebdomadaires se trouvant pour ainsi dire comme *effacé* tous les 15 jours, on serait naturellement porté à conclure que ce premier couple ne cause à l'axe terrestre aucun mouvement qui puisse être sensible à l'observation. Mais cette conclusion précipitée serait inexacte.

Et en effet, il faut avant tout observer que l'intensité de ce couple n'est pas constante, et l'on doit particulièrement remarquer que, si l'on va de l'époque où le nœud ascendant de la Lune coïncide avec l'équinoxe du printemps, jusqu'à l'époque où ce nœud arrive à l'équinoxe d'automne, l'intensité du couple va toujours en *diminuant*, à cause de son facteur sin ε' qui descend de sa valeur initiale sin 28° ½ à sa valeur finale sin 18° ½. Il en résulte donc que l'axe terrestre *s'abaisse* plus dans la première semaine, qu'il ne se *relève* dans la seconde; et de même, plus dans la troisième qu'il ne se relève dans la quatrième; et ainsi de suite, de semaine en semaine. De telle sorte qu'au bout de 285 demi-mois lunaires qui font à peu près le temps d'une *demi-révolution* des nœuds de la Lune, le pôle de la Terre se trouve effectivement *abaissé*, vers le pôle boréal de l'écliptique, d'un certain angle provenant de la somme de ces petites différences *semi-mensuelles* qui, ayant toutes le même signe, peuvent former, au bout de 9 ans ¼, un angle devenu *sensible* à l'observation.

A partir de cette époque, jusqu'au retour du nœud de la Lune à son point de départ, l'intensité du couple va, au contraire, toujours en *augmentant*, comme sin ε' augmente depuis sin 18° ½, jusqu'à sa valeur initiale sin 28° ½; et il en résulte que l'axe terrestre s'abaisse *moins* dans la première semaine qu'il ne se relève dans la seconde, et ainsi de suite de semaine en semaine : de telle sorte qu'au bout des 285 demi-mois lunaires qui achèvent la révolution complète des nœuds de la Lune, l'axe de la Terre se trouve relevé à la même hauteur d'où il était descendu.

Telle est donc l'analyse exacte du mouvement que doit suivre l'axe terrestre, en vertu du premier couple $M' \cos \omega$ que j'examine. Ce n'est point, comme on voit, une oscillation *simple* du pôle qui descendrait, pendant 9 ans ¼, par un arc *continu* pour remonter à sa place dans les 9 ans ¼ qui suivent : c'est une suite de 570 oscillations simples, mais qu'on pourrait nommer *imparfaites*; je veux dire, telles, que dans chacune d'elles l'arc d'*aller* n'est point égal à l'arc de *retour*; et où, dans le cas présent, il arrive que le premier arc *surpasse* toujours le second pendant la première moitié de ces 570 oscillations, tandis qu'au contraire il en est toujours surpassé pendant l'autre moitié.

25. Reste à voir maintenant l'effet du second couple $N' \sin \omega$ qui agit en même temps sur la Terre autour du même diamètre OM de son équateur.

Ce deuxième couple, dont l'expression est

$$\mathrm{N}' \sin \omega = - \mathrm{C}'. \sin^2 \varphi'. \sin 2 \varepsilon'. \sin \omega,$$

nous montre d'abord que ses deux premiers facteurs $\sin^2 \varphi'$ et $\sin 2 \varepsilon'$ sont constamment *positifs*; le premier, comme étant un *carré*; le second, comme étant toujours compris entre les deux sinus *positifs*, $\sin 57°$ et $\sin 37°$. Mais, pour le troisième facteur $\sin \omega$, il est facile de voir qu'il ne garde le signe $+$ que pendant la première demi-révolution du nœud de la Lune, et qu'il prend alors le signe $-$, et le conserve jusqu'au retour de ce nœud à l'équinoxe du printemps.

Ce second couple $\mathrm{N}' \sin \omega$, ne changeant de signe qu'à chaque demi-révolution des nœuds de la Lune, ne peut donc produire sur le pôle terrestre qu'un pur mouvement d'oscillation, par lequel le pôle s'abaisse, d'une manière continue pendant 9 ans $\frac{1}{4}$ vers le pôle boréal de l'écliptique, et se relève à la même hauteur pendant les 9 ans $\frac{1}{4}$ qui suivent.

Ainsi, dans cet espace de 18 ans $\frac{1}{2}$, le pôle de la Terre fait, en vertu du second couple, cette pure et simple oscillation dont je viens de parler, tandis qu'en vertu du premier couple il exécute les 570 oscillations *imparfaites* que j'ai définies plus haut; et c'est dans la coexistence de ces deux mouvements que consiste la nutation qui est due à l'action de la Lune.

Sur le mouvement de précession.

26. On pourrait également faire l'analyse du mouvement de *précession* due à l'action du même astre, en considérant le couple $\overline{\mathrm{N}}$ qui vient de la Lune pour faire tourner la Terre sur la ligne ON des équinoxes : couple dont l'expression est, comme on l'a vu,

$$\overline{\mathrm{N}} = \mathrm{N}' \cos \omega - \mathrm{N}' \sin \omega.$$

Ce couple $\overset{..}{\mathrm{N}}$ se partage donc aussi en deux autres de *même axe* ON, et dont on peut examiner à part les effets.

Or si nous considérons d'abord le premier composant qui est

$$\mathrm{N}' \cos \omega = \mathrm{C}'. \sin^2 \varphi'. \sin 2 \varepsilon'. \cos \omega,$$

nous voyons que ce couple garde le même signe *positif* pendant tout le cours du temps, que par conséquent il ne peut donner au pôle de la Terre qu'un mouvement rétrograde continu autour de l'axe de l'écliptique.

Mais le second couple composant, exprimé par

$$- \mathrm{N}' \sin \omega = - \mathrm{C}'. \sin 2 \varphi'. \sin \varepsilon'. \sin \omega$$

change de signe à chaque *quart* de la révolution mensuelle φ' de la Lune, c'est-à-dire de *semaine* en *semaine*. Il a le signe $-$ dans la première, et,

par conséquent, donne au pôle un mouvement de sens *direct*; il a le signe +
dans la seconde, et, par conséquent, il donne au pôle un mouvement *rétrograde* : mais, comme l'intensité de ce couple va en *diminuant* avec son
facteur sin ε', il fait plus *avancer* le pôle dans la première semaine, qu'il ne
le fait *rétrograder* dans la seconde; et il en résulte, au bout d'un demi-mois
lunaire, un petit mouvement *direct*, c'est-à-dire de sens contraire à la
précession. Et cela se répète de la même manière dans toute la suite des
285 demi-mois lunaires, qui font le temps d'une *demi-révolution* des *nœuds*
de la Lune.

Mais, à partir de cette époque, le facteur sin ω change de signe. Le
couple a donc le signe + dans la première semaine, le signe — dans la
seconde; et, comme son intensité va ici toujours en *augmentant*, à raison
du facteur sin ε', il fait plus *rétrograder* le pôle dans la première semaine,
qu'il ne le fait *avancer* dans la seconde; et cela dure jusqu'au bout des
285 demi-mois lunaires, qui, avec les 285 premiers, achèvent le temps
d'une révolution complète des nœuds de la Lune.

On voit donc que le mouvement de *précession* dû à l'action de la Lune
n'est pas *simple*, mais composé de deux autres : le premier constamment
rétrograde; le second *alternatif*, c'est-à-dire tantôt *direct* et tantôt *rétrograde*, et tels, que la précession proprement dite va en diminuant pendant
la première moitié de la période des nœuds de la Lune, et en augmentant
par les mêmes degrés dans la seconde moitié de cette période; de sorte
qu'au bout de 18 ans $\frac{1}{2}$, la précession due à l'action de la Lune se trouve
avoir la même étendue que si le premier couple $N' \cos \omega$ avait agi tout seul sur
la Terre pendant cette même période.

C'est par la considération de ces deux mouvements rectangulaires et si-
multanés, de *précession* et de *nutation*, qu'on pourra se faire une idée exacte
de la *route* σ que doit suivre le pôle de la Terre à la *surface* de la sphère
étoilée, et de toutes les sinuosités que cette courbe y présente dans la suite
des temps; etc., etc.

Mais je n'irai pas plus loin dans ces explications, sur lesquelles j'espère
qu'il me sera permis de revenir ailleurs, en même temps que sur quelques
autres points essentiels de doctrine que j'aurais encore à cœur de bien
éclaircir.

Table des valeurs numériques employées dans les calculs qui précèdent.

ι, inclinaison de l'équateur à l'écliptique;

Valeur moyenne de cette inclinaison en 1852, $23°27'32'',04$;

b, rayon de l'équateur, pris pour unité;

a, rayon au pôle.

L'aplatissement $= \dfrac{b - a}{b} = \dfrac{1}{308,65}$;

r, distance du Soleil à la Terre $= 24096$ rayons de la Terre;

θ, vitesse angulaire de rotation de la Terre; en prenant le jour sidéral pour unité, $\theta = 2\pi$.

Année tropique $= 365^{j\,moy},242264 = 366^{j\,sid},242264$.

Année sidérale $= 365^{j\,moy},256383 = 366^{j\,sid},256422$.

$1^{j\,moy} = 1^{j\,sid},0027379\iota$.

g, gravité de la Terre à sa surface, c'est-à-dire à la distance ι de son centre. $g = 9^{m},8088$, la seconde sexagésimale étant prise pour unité de temps.

Révolution sidérale de la Lune : $27^{jm},32166\iota$.

Masse du Soleil : 354.936 fois celle de la Terre.

Masse de la Lune : $\dfrac{1}{88}$ de celle de la Terre.

Si dans le calcul nous exprimons par $\dfrac{S}{r^2}$ la force attractive F du Soleil, S étant sa masse et r sa distance au point attiré, il faut bien entendre que cette expression n'est autre chose que le rapport de cette force F à une autre g de même nature et prise pour unité. Ainsi T étant la masse de la Terre, R son rayon, $\dfrac{T}{R^2}$ serait de même la force attractive de la Terre sur un point pris à sa surface, et l'on a $F : g :: \dfrac{S}{r^2} : \dfrac{T}{R^2}$.

Prenons le mètre pour unité de ligne, la seconde pour unité de temps; le gravité g due à l'action de la Terre sur un point pris à sa surface est $g = 9^{m},8088$; si l'on prenait le jour pour unité de temps, elle serait $9^{m},8088 \times (24.60.60)'$, et si l'on prenait le rayon de la Terre pour unité de ligne, elle serait égale à cette valeur divisée par le nombre de mètres contenus dans le rayon de la Terre, c'est-à-dire

$$g' = \frac{9,8088 \times (24.60.60)^2}{6.366.745}.$$

Prenons la masse de la Terre T pour unité de masse, S sera 354936; la distance r sera, en prenant le rayon de la Terre pour unité, $r = 24096$, et et l'on aura

$$F : g' :: \frac{354936}{24096^2} : 1,$$

d'où

$$F = \frac{354936}{24096^2} \cdot g' = 7,03049.$$

Ainsi la force du Soleil, agissant uniformément sur la Terre en repos, la ferait tomber, en un jour, d'un espace $\frac{1}{2} F = 3,5740$, c'est-à-dire d'un espace égal à 3 rayons $\frac{1}{2}$ de la Terre, à peu près. C'est par ce nombre $F = 7,03049$ qu'on peut remplacer dans le calcul la quantité $\frac{S}{r^2}$, c'est-à-dire la masse S du Soleil divisée par le carré de sa distance à la Terre; le *jour sidéral* étant pris pour *unité de temps*, le *rayon de la Terre* pour *unité de ligne*, et la distance r étant estimée de 24096 rayons terrestres.

Masse de la Lune : $$L = \frac{1}{88},$$

et pour calculer son attraction F', on a : $$\frac{F'}{F} = \frac{L \cdot r^3}{S \cdot r'^3} = 2,07, \quad F' = 14,6.$$

FIN.

PARIS. — IMPRIMERIE DE MALLET-BACHELIER,
rue du Jardinet, 12.

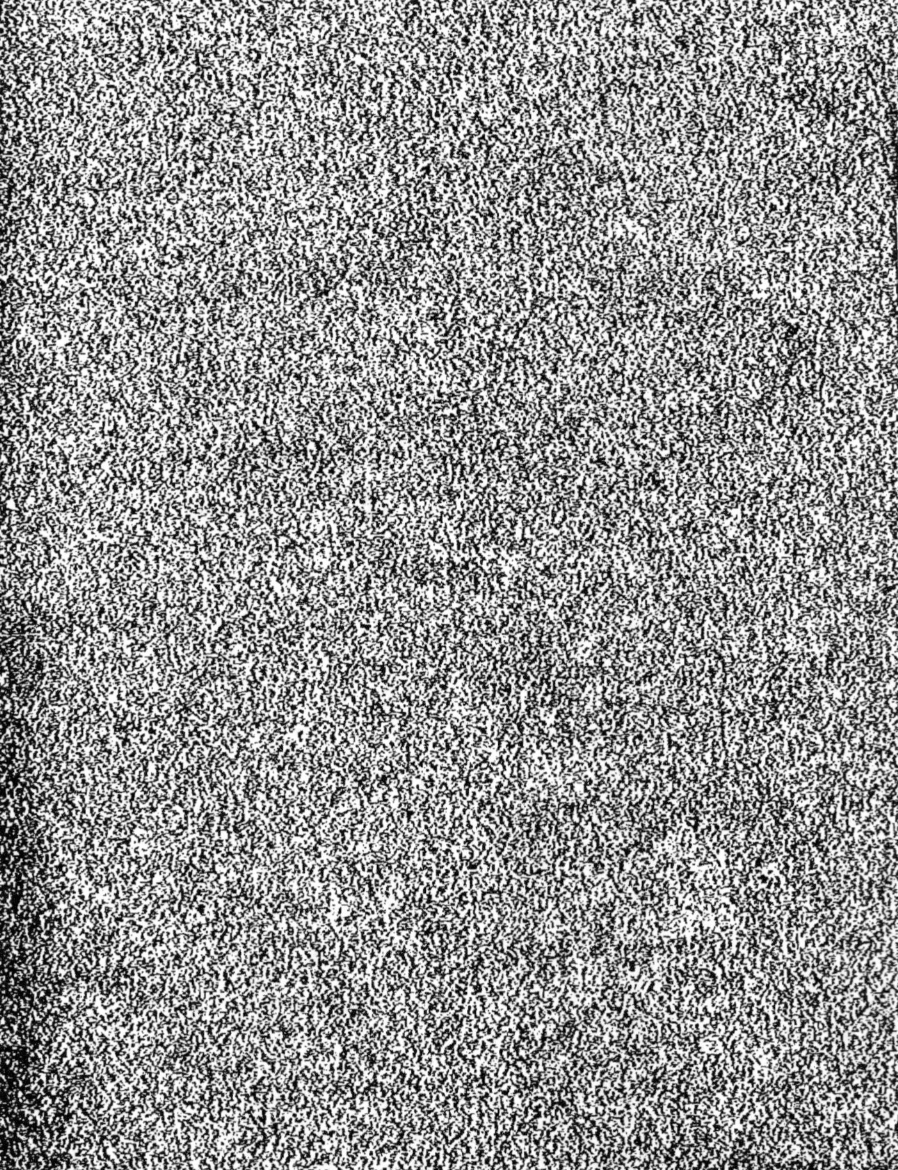